U0396434

我们的广西
WOMEN DE
GUANGXI

德天瀑布

DETIAN PUBU

○ 傅中平

陈朝新 黄春源 著

广西出版传媒集团

广西科学技术出版社

GUANGXI CHUBAN CHUANMEI JITUAN

GUANGXI KEXUE JISHU CHUBANSHE

"我们的广西"丛书

总　策　划：范晓莉

出　品　人：覃　超
总　监　制：曹光哲
监　　　制：何　骏　施伟文　黎洪波
统　　　筹：郭玉婷　唐　勇
审稿总监：区向明
编校总监：马丕环
装帧总监：黄宗湖
印制总监：罗梦来

装帧设计：陈　凌　陈　欢
版式设计：韦宇星

前　言

　　瀑布是大地上的奇景、大自然的宠儿、神圣的水体景观。从古至今，多少文人墨客为之惊叹、流连忘返！瀑布不仅给山川增秀，给风景添灵，让人百看不厌，而且蕴藏着相当丰富的水力资源，展示了丰富的科学内涵。世界上的瀑布形态各不相同，也有着各自不同的魅力。

　　瀑布，地质学上叫作跌水，是由地球内力和外力作用共同形成的，如断层、凹陷等地质构造运动，以及火山喷发等造成地表变化，使流动的河水突然近于垂直地跌落，这样的地区就构成了瀑布。构成瀑布的三要素为落差、宽度和水量。而目前，地学界和建筑学界常将瀑布与跌水混用，作者和多数地学界学者认为规模大的称瀑布，规模小的（落差、宽度为3～5米）单级的称为跌水。建筑学界还认为，跌水是因沟底为阶梯形，呈瀑布跌落式水流。跌水可分为天然跌水和人工跌水，其中人工跌水主要用于缓解高处落水的冲力。

　　根据不同的外观和地形的构造，瀑布有多种分类方法。根据瀑布水流的高宽比例，可划分为垂帘型瀑布、细长型瀑布；根据瀑布岩壁的倾斜角度，可划分为悬空型瀑布、垂直型瀑布、倾斜型瀑布；根据瀑布有无跌水潭，可划分为有瀑潭型瀑布、无瀑潭型瀑布；根据瀑布的水流与地层倾斜方向，可划分为逆斜型瀑布、水平型瀑布、顺斜型瀑布、无理型瀑布；根据瀑布所在地形，可划分为名山瀑布、岩溶瀑布、火山瀑布、高原瀑布。

按照瀑布的景观特点，我国瀑布大致可以分为河流瀑布、山岳瀑布和洞穴瀑布三类。河流瀑布主要形成于江河干流、支流的中上游河段。其特点是水帘宽、水量大、气势宏大。中国著名的河流瀑布有打帮河黄果树瀑布、黄河壶口瀑布、大标水岩瀑布、吊水楼瀑布、九寨沟瀑布群、德天瀑布等。山岳瀑布主要由溪流通过山岳中明显的岩坎或断崖而形成。我国这类瀑布比较多，其特点是落差较大、水帘不宽、造型丰富，受降水影响流量变化很大。浙江雁荡山的大龙湫，其水流从190米高的连云嶂凌云而下，为我国单级落差最大的瀑布。其他著名的山岳瀑布还有庐山三叠泉和开先瀑，黄山九龙瀑和人字瀑，天台山石梁飞瀑，泰山龙潭瀑，井冈山碧玉瀑，靖西通灵瀑布等。洞穴瀑布多发育于石灰岩溶洞以及曲折幽深的洞穴，由造型丰富的洞穴堆积物和神秘的暗河共同组成。我国南方石灰岩分布区地下溶洞发育，地表水渗透严重，形成了不少地下瀑布，其中著名者有金华冰壶洞瀑布（暗瀑）、宜兴善卷洞瀑布、贵州安顺龙宫的龙门飞瀑（暗瀑）和桂林冠岩瀑布等。

关于瀑布形成的原因，人们一般认为，瀑布是指从河床纵断面陡坡或悬崖上倾泻下的水流。瀑布所在的位置，其上下河床比降具有较大的差异，故在地学上，瀑布往往是河床上的裂点位置所在。瀑布有高低、大小之分，大的瀑布如银河奔泻，气势磅礴；小的瀑布则细流如带，如云似雾。

多姿多彩的瀑布是如何形成的呢？按照地学原理，地表上任何一种地貌单元均是地球的内营力和外营力相互作用的产物。所谓内营力，主要是指地球深部物质运动引起的地壳构造运动和岩浆活动。地壳构造运动又有水平运动和垂直运动之分，岩浆活动则往往形成火山地貌。所谓外营力是指起源于太阳能和重力能的作用所产生的冰川、水流波浪和风力等的作用，其地质意义可归结为剥蚀作用、搬运作用和堆积作用三种。当然，瀑布的形成也是地球力、外营力相互作用的结果。

在瀑布形成过程中，内营力起着重大的作用。一种是由水平运动或垂直运动造成的断层或裂谷，为瀑布的形成提供了必要的条件，此时若有溪流或江河流经断层或裂谷，则可形成瀑布，如著名的黄河壶口瀑布就是这样形成的。另一种形成瀑布的内营力是在火山爆发过程中，熔岩的漫溢将河道阻塞，在原来的河床形成一个新生的岩坎，河水由岩坎上翻跌而下，形成瀑布，如黑龙江的吊水楼瀑布（又称镜泊湖瀑布）就是这样形成的。

外营力作用形成瀑布的机理是由水流对河底软岩、硬岩基岩的差别侵蚀所造成的。在两者出露处，硬岩层突露于易受侵蚀的软岩层之上成为陡崖，水流至此陡落形成瀑布。我国大多数瀑布的形成都缘于此。当形成瀑布的动力若不仅有水流的冲蚀，还有水流的溶蚀作用时，则往往形成喀斯特瀑布。这种瀑布发育于可溶性的碳酸盐岩地区，我国云南、贵州以及华南地区的瀑布多半是这类喀斯特瀑布，著名的黄果树瀑布就是其中的典型代表。喀斯特瀑布还有更为独特的一种类型，它并不露在地表之上，而是深藏在洞穴之内，称为暗瀑，如贵州安顺龙宫的龙门飞瀑和浙江金华冰壶洞暗瀑等，均是著名的喀斯特暗瀑。

除地球内营力、外营力外，瀑布的第三种成因是由河流的袭夺造成的。所谓河流袭夺，指的是处于分水岭两侧的两条河流，其中侵蚀力较强、侵蚀较深的河流进行下切侵蚀，最终将另一侧那条河流的一部分袭夺过来，使之成为袭夺河流的支流。由于袭夺河流的下切程度大，河床高于被袭夺河流的河床，因此在被袭夺河流汇入袭夺河流时，往往产生跌水，形成袭夺瀑布，或称悬河瀑布。

瀑布的第四种成因是冰川的刨蚀作用。如庐山王家坡瀑布就是发育在庐山王家坡冰川上的。距今二三百万年前，庐山一带因气候寒冷而发育了大量冰川，王家坡冰斗便是当时的一个冰川悬谷。后来随着气候变暖，庐山一带变成了亚热带气候，王家坡古冰斗便成了一个积水潭——碧龙潭。碧龙潭水外流，翻崖跌入王家坡谷地时，便形成了王家坡瀑布。

此外，在一些地区，由于山崩、泥石流等阻塞了河流的通过，在河床之上形成一个拦水的石坎，水从石坎上跌落下来，便产生了瀑布。但这种类型的瀑布并不常见。

关于瀑布的形成，一般地质学者认为岩石类型的差异和河床上有许多条状的坚硬岩石是两个重要的条件。

岩石类型的差异，即河流跨越不同岩相边界。如果河水从坚硬的岩石河床流向比较柔软的岩石河床，很可能较软的岩石河床被侵蚀得更快，并使两种岩石类型相接处的坡度更陡。当河流改变方向并露出不同岩石河床间的相接处时，便会发生这种情况。例如，尼亚加拉瀑布组成美国与加拿大间的部分疆界，其河床上有一块斑驳的白云石顶板岩石，就压在一连串较软的页岩和砂岩之上。

河床上有许多条状的坚硬岩石。尼罗河上曾出现一系列大瀑布，尼罗河水已充分侵蚀河床，结果露出坚硬的结晶质基底岩。其他瀑布较少由岩层的特性形成，更多是由陆地的结构和形状形成。例如，隆起的高地玄武岩可形成坚硬的台地，河水在其边缘产生瀑布，北爱尔兰的玄武岩上的瀑布便是这样。从更大的规模来看，非洲南半部的岩石外表结构——一块很高的高地，四周的陡坡使该地区大部分主要的河流都产生瀑布和急流，其中有刚果河上的李文斯敦瀑布和橘河上的奥赫拉比斯瀑布。一般情况下，随着山区地形的坡度加大，瀑布的数量也就增多。

产生瀑布的因素并不仅仅是河水侵蚀和地质特征，沿着地壳断层进行的构造运动也会将坚硬岩石和软性岩石聚拢在一起，促成瀑布的产生。河床海平面的急降使下蚀作用增加，并使河床上的裂点向上游方向后撤（或者说，坡度的急剧变化标示着河床基准水面的变化）。依赖海平面、河水流动和地质特征（以及其他因素），河落或急流可能在河床上出现裂点之处得到发展。冰川作用已形成众多瀑布，那里的河谷已受冰蚀作用过度而加深，支流河谷被留在陡峭的河谷两侧高处。美国加利福尼亚州约塞米蒂瀑布便是一座由冰川作用凿出的瀑布，从436米高的一个悬谷跌落下来。任何水量和落差大的瀑布的一个特征是具有由瀑布跌落底部淘蚀而成的深潭，有时潭的深度几乎等于产生瀑布的峭壁的高度。深潭最终造成峭壁暴露的表面坍塌和瀑布的后撤。在某些地方，瀑布的后撤是一个明显的特征。譬如，尼亚加拉瀑布已从开始处的悬崖正面后撤11千米（约7英里）。现在尼亚加拉瀑布的大部分水体被转用于水力发电，但按正常流量来估算，瀑布后退的速率将约为每年1米。

广西的地形多样，地质条件复杂，全区境内有十多处景象迷人壮观的瀑布，其中最有影响的是德天瀑布。德天瀑布是本书重点研究的对象。

德天瀑布凭借其区位、规模，以及持续、奇特、壮观的特色，曾被评为"中国最美瀑布"。瀑布远望似缟绢垂天，近观如飞珠溅玉，透过阳光的折射，显得五彩缤纷，光彩夺目；水势激荡，声闻数里，动人心魄，气势磅礴，中外驰名。在跨国瀑布中，德天瀑布是亚洲最大、世界排名第四的天然瀑布。

在自然环境方面，德天瀑布属桂西南区，该地区土壤、气候、生物资源独具特色，地质上位于华南板块南华活动带右江海槽靖西凸起南东缘德天逆断层西部，即寒武系与泥盆系断层接触带上。德天瀑布的形成机理复杂，它是地质、地貌、气候、生物、环境等多因素共同作用的产物。受区域大环境的影响，在归春河通往左江流域的沿途，还形成众多迷人的山、水、洞、石、田园风光等景观区，与德天瀑布一道共同构成完整的德天瀑布风景带。为了叙述方便，本书将德天瀑布风景带分为德天瀑布景区核心区、外景区和外围区等，分别进行详细介绍。全书共分九个部分，内容分别为绪论，德天瀑布地区地层、古生物化石，德天瀑布地区地质构造、地质灾害，德天瀑布地区地貌及地质发展史，德天瀑布地区气候、岩性、土壤、生物，德天瀑布景区的核心区，德天瀑布景区的外景区及外围区，德天瀑布成景机理，德天瀑布景区开发状况与可持续发展。

作者在实地考察研究的基础上，采用文、图、表并茂的形式以及科学性、科普性、实用性相结合的写作风格，将德天瀑布的相关知识和内容一一呈现在读者面前。期望此书的出版，能启迪广大读者的科学思维，提升地学界、旅游地学的理论研究水平。

由于一些客观上的原因和我们自身的局限，本书难免有疏漏和不足之处，恳请专家学者、大众读者不吝赐教。

目 录

绪

论

　　德天瀑布风景区位于我国广西崇左市大新县硕龙镇和越南高平省重庆县玉溪镇交界的边境线的归春河上，距离南宁市196千米，有高速公路连接景区二级公路，交通十分方便。德天瀑布属喀斯特瀑布景观与边境景观相结合的自然风景区，被广大游客称为"山水画廊"，德天瀑布远眺图景见图绪论-1。德天瀑布是国家AAAA级风景区，也是广西著名品牌旅游风景区之一。

图绪论-1　德天瀑布远眺图景

　　德天瀑布风景区自然环境归桂西南区，土壤、气候、生物资源独具特色，地质上位于华南板块南华活动带右江海槽靖西凸起南东缘德天逆断层西部，即寒武系与泥盆系断层接触带上。风景区沿归春河呈北西—南东向带状展布，除外围区，其核心景区、外景区长16千米，宽1.0～2.5千米，总面积约23.6平方千米，地层、岩石、古生物、地质构造、地貌、水文特征明显。风景区含32个景点，其中核心景区从北西向至南东向有53号界碑、浦汤岛瀑布（图绪论-2）、德天瀑布（图绪论-3）、友谊石、大门景段等23个景点，外景区有绿岛行云、靖边炮台、沙屯瀑布、念底瀑布等景点，外围区有黑水河景区（图绪论-4）、明仕田园（图绪论-5）、龙宫仙境及大新锰矿矿山公园等景观区。德天瀑布景区属亚热带潮湿型气候区，气候宜人，是一年四季均适合考察观光的南疆福地。

图绪论-2　浦汤岛瀑布

图绪论-3 德天瀑布

图绪论-4 黑水河

图绪论-5　明仕田园

　　德天瀑布风景区及附属景观区的形成绝非巧合，是自然环境等多种因素共同作用的结果，与其地理位置、地质、地貌、气候、土壤、植被、水文环境关系密切，从大环境到小环境各具特色，相关介绍见表绪论-1、图绪论-6。

表绪论-1　广西地质构造单元划分表[1]

一级	二级	三级	四级
华南板块	扬子陆块	桂北隆起（Ⅰ）	九万大山褶断带 $Ⅰ^1$
			龙胜褶断带 $Ⅰ^2$
			越城岭褶断带 $Ⅰ^3$
	南华活动带	桂东北-桂中拗陷（$Ⅱ_1$）	罗城凹陷带 $Ⅱ_1^1$
			宜山弧形褶断带 $Ⅱ_1^2$
			来宾凹陷带 $Ⅱ_1^3$
			海洋山凸起带 $Ⅱ_1^4$
			桂林弧形褶断带 $Ⅱ_1^5$
		大瑶山隆起（$Ⅱ_2$）	
		钦州残余海槽（$Ⅱ_3$）	博白断陷 $Ⅱ_3^1$
			六万大山凸起 $Ⅱ_3^2$
			钦州凹陷 $Ⅱ_3^3$
			十万大山断陷盆地 $Ⅱ_3^4$
		云开隆起（$Ⅱ_4$）	
		右江海槽（$Ⅱ_5$）	南丹凹陷带 $Ⅱ_5^1$
			都阳山凸起 $Ⅱ_5^2$
			百色凹陷 $Ⅱ_5^3$
			靖西凸起 $Ⅱ_5^4$
			灵马凹陷 $Ⅱ_5^5$
			那坡断陷 $Ⅱ_5^6$
			西大明山凸起 $Ⅱ_5^7$
		北部湾拗陷（$Ⅱ_6$）	

1 广西壮族自治区地方志编纂委员会：《广西通志·地质矿产志（1988—2000）》，广西人民出版社，2012，155~156页。

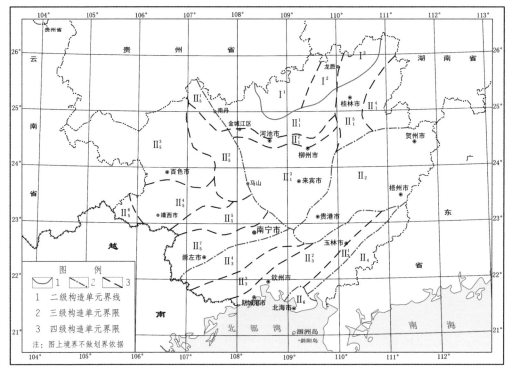

图绪论-6　广西构造单元划分示意图

第一章　德天瀑布地区地层、古生物化石

　　在地质学上，由断层或凹陷等地质构造运动和火山喷发等地表变化造成河流的突然中断，另外流水对岩石的侵蚀和溶蚀也可以造成较大的地势差，从而形成瀑布。非洲的维多利亚瀑布、南美的伊瓜苏瀑布和北美的尼亚加拉大瀑布合称世界三大瀑布。而德天瀑布在中国乃至世界，享誉盛名。"断山疑画障，悬溜泻鸣琴。"究竟是什么造就了美丽壮观的德天瀑布？经研究发现，除了丰富的水源外，关键在于水与特定的地质形迹相结合，才可能创造出含跌水、瀑布的美景。在地质中的基础就是地层及指示地层形成环境和年代的古生物化石记录。化石是保存在层状岩石中生物遗体遗迹的总称，形成机理复杂，大小、形态差别很大。地层是指在地质历史中，一定时间和一定环境下形成的层状岩石，包括沉积岩、火山岩以及二者演变而成的变质岩。层状岩石因其矿物成分和结构的不同，本身的硬度也不同，抗风化强度也不一样，在岩层的走向上常形成凸起的条脊和凹下的长槽，也为形成类似德天瀑布景区绿岛行云式的面状瀑布奠定了基础。为了普及地层及古生物的基本知识，探索德天地区的地壳奥秘，笔者首先从地层和古生物基础开始，逐步揭开德天地区地质时期的真相。

一、地层

德天瀑布地区地层、古生物：指的是经大新县下雷镇、德天瀑布、沙屯瀑布、念底瀑布、黑水河一带约125平方千米范围内的地层、古生物发育情况。

地层：德天瀑布景区主要发育有寒武系、泥盆系、石炭系等地层。在上述地层中保存有精美的古生物化石。

（一）寒武系（∈）

名称来源于英国威尔士寒武山脉的一套地层，1833年命名。外国凡发现与英国寒武系相似的地层，按优先律规定，均定名寒武系。该型主要分布于德天测区中西部。

三都组（∈$_3s$）：原名来源于贵州省三都县城郊∈$_3$地层，1954年由卢衍豪命名，1985年被广西引用至今。三都组为灰黄–灰绿色条带状灰岩、泥质灰岩夹砂质页岩、页岩。向西碳酸盐岩增多。顶、底未见出露。总体岩性相对松软，地势低平，有小起伏。生物化石类型丰富，东南型动物群与华北型动物群混生，三叶虫类有*Tamdaspis* sp.、腕足类有*Eoorthis* sp.等。

（二）泥盆系（D）

名称来源于英国泥盆洲的一套三分的地层，1839年命名，后被别国引用。在广西分布广泛，泥盆系地层面积占大新县范围总面积的4/5左右。

莲花山组（D$_1l$）：名称来源于贵港市之北龙山圩附

近的莲花山，1928年由朱庭祜创名，后人引用并普及至全广西。莲花山组主要分布于义宁背斜与灯草岭背斜两翼，它与∈₃s呈角度不整合接触。为紫红色沙砾岩、砂岩（图1-1）、粉砂岩、泥岩及少量灰岩、白云岩，底部为白色砾岩。该组与下伏寒武纪地层呈角度不整合接触，与上覆地层整合接触，化石类型主要有腕足类*Lingula* sp.、双壳类*Leptodesma guangxiensis*、古植物类*Zosterophyllum sinensis*、鱼类*Asiaspis expansa* 等。

图1-1　砂岩（×0.3）

那高岭组（D₁n）： 名称来源于广西横县六景火车站北面800米山包上的黄绿色页岩夹灰岩地层，1956年由王钰创名，后人引用并普及至全广西。那高岭组为一套灰绿色泥（页）岩（图1-2）、粉砂质泥岩、泥质粉砂岩、粉砂岩，夹少量灰岩、泥灰岩透镜体。该组与下伏地层莲花山组呈整合接触，与上覆地层郁江组呈整合接触。属浅海潮下泥坪沉积环境。生物化石主要有腕足类*Orientospirifer wangii*、*O. nakaolingensis*，双壳类*Eoschizodus* sp.，珊瑚类*Chalcidophyllum nakaolingensis*，牙形石类*Eognathodus sulcatus* 等。在瀑布处因受德天逆断层下降影响，D₁l、D₁n缺失，变成D₁y与∈₃断层接触。

图1-2　页岩（×0.3）

郁江组（D₁y）： 名称来源于广西横县六景火车站后山的碎屑岩、生物灰岩，1952年由赵金科、张文佑创名，后人引用并普及至全广西。该测区下部以黄绿-黄白色细砂岩、粉砂岩为主，夹粉砂质泥岩，上部为黄褐-黄绿色泥岩、粉砂质泥岩夹泥灰岩透镜体及钙质结核。其间均为整合接触。属滨岸潮间-潮下带至浅海灰泥坪沉积环境。生物化石类型丰富，含大量腕足类、双壳类、珊瑚类、三叶虫类、竹节石类、牙形石类等。主要化石有腕足类*Dicoelostrophia* sp.、珊瑚类*Siphonophrentis* sp.等。

北流组（D~1-2~b）：1965年由王钰、俞昌民创名于广西北流大风门剖面。该测区以灰–深灰色中厚层白云岩为主，夹浅灰–灰白色白云岩及硅质岩，属碳酸盐岩台地边缘礁相半局限台地相沉积。生物化石有珊瑚类*Trapezophyllum cystosum*、腕足类*Zdimir triangulicostatus*等。

黄猄山组（D~1~hj）：组名源于广西北流大风门剖面的白云岩，1965年由王钰、俞昌民创名，后被引用至全广西。为白云岩、白云质灰岩。与下伏地层郁江组和上覆地层北流组为整合接触。属局限碳酸盐岩台地相沉积环境。化石生物有横板珊瑚类*Thamnopora* sp.，偶见*Favosites* sp.（图1-3）、腕足类*Reticulariopsis* sp.、枝状层孔虫及海百合茎等。

图1-3　*Favosites* sp.（×0.3）

桂林组（D~3~g）：1929年由冯景兰创名，组名源于广西桂林到阳朔D~3~的质纯灰岩，后人引用推广至今。桂林组是整合于唐家湾组层孔虫白云岩之上与东村组具鸟眼窗孔构造灰岩之下一套灰色、深灰色、灰黑色中–厚层状层孔虫泥晶灰岩和白云岩、泥晶灰岩、细晶白云岩、砂屑泥晶灰岩，偶夹钙质页岩。产层孔虫及腕足类*Paramphipora* sp.、*Cyrtospirifer* sp.。

唐家湾组（D~2~t）：组名源于广西桂林市瓦窑口西南4.5千米的唐家湾村北侧，厚层状层纹灰岩，层孔虫灰岩，1990年由殷保安等人创名，后人引用推广至全广西。该测区主要为灰–灰黑色厚层状层孔虫灰岩、白云质灰岩、白云岩，底部常见泥质灰岩或泥灰岩。属开阔台地–局限半局限台地相沉积。化石类型丰富，产大量珊瑚类、腕足类、层孔虫类。生物化石有腕足类*Stringocephalus butini*，珊瑚类*Endophyllum* sp.等，另产层孔虫类*Amphipora* sp.，这是该组的一个生物标志。

榴江组（D₃*l*）：1929年由冯景兰创名，源自广西鹿寨县寨沙镇东侧的硅质岩、夹灰岩，条带及扁豆状灰岩，后人引用并推广至全广西。该测区岩性以灰黑色–棕色薄层硅质岩、硅质泥岩为主，部分地区夹含锰硅质岩、磷硅质岩、锰灰岩、锰泥岩。属盆地相沉积环境。以浮游生物为特征，主要化石有竹节石类*Nowakia barrandei*、介形类*Maternella hemishaerica*、菊石类*Erbenoceras* sp.、牙形石类*Palmatolepis mimuta*和*P. gigas*等。

融县组（D₃*r*）：1938年由田奇镌创名，源自广西融水县城郊灰白色质纯灰岩，后人引用并推广至全广西。该测区为灰白色厚层灰岩、鲕粒灰岩。产少量腕足类化石。

图1-4　扁豆状灰岩制作的花瓶

五指山组（D₃*w*）：1941年由张兆瑾创名，源自广西南丹大厂东五指山，以硅质灰岩、扁豆状灰岩为主，后人引用至今。该测区主要岩性为浅灰色、灰色、浅褐色中–厚层扁豆状灰岩（图1-4）、泥质条带灰岩、薄层泥晶灰岩等；属盆地相沉积。主要生物化石有牙形石类*Polygnathus asymmertricus*、介形类*Ungerella sigmodals*、菊石类*Clymenia* sp.，此外还有少量三叶虫、腕足类、珊瑚类、放射虫类等。

东村组（D₃*d*）：1987年由殷保安创名，源自广西桂林市瓦窑口南东村一带，浅灰色灰岩，后人引用推广至今。该测区主要岩性为浅灰–灰白色厚层状灰岩、白云质球粒微晶灰岩、细晶白云岩，局部有竹叶状灰岩、鲕粒灰岩，岩石常具鸟眼及窗孔构造；属局限台地潮下沉积环境。生物化石较少，仅含少数介形类、腕足类及有孔虫类，如介形类*Leperdtia mansueta*、腕足类*Cyrtospirjfer* sp.、孔虫类*Septatournayella rauserae*等，局部产腕足类*Yunnanella* sp.。

（三）石炭系（C）

因当时全世界产石炭（煤）而得名，19世纪初先从欧洲用起，逐步推向全世界。本测区主要分布于南部、西北和东北边缘地区。

鹿寨组（C₁lz）：1929年由冯景兰、李殿臣创名，源自广西鹿寨县西北的硅质岩、泥岩、砂岩、扁豆状灰岩，后人推广引用至今。该测区主要岩性为灰黑色薄层泥岩夹硅质岩、灰岩和砂岩。沉积环境属盆地相沉积。化石主要为菊石类*Gattendorfia* sp.、牙形石类*Polygnathus bischoff*等。

巴平组（C₁b）：1987年由广西区测队创名，源自广西南丹县芒场巴平街东侧，岩性深灰色薄层微晶灰岩、生物屑灰岩夹塌积岩、硅质岩或硅质条带，后人引用推广至今。本测区为深灰色薄层泥岩夹硅质岩，属台地前缘斜坡相沉积。化石主要为菊石类*Merocanites* sp.、*Dombarites falcaloiele*，牙形石类*Gnathodus bilineatus*，此外尚有从台地搬运来的珊瑚类*Thysanophyllum* sp.和𧓲类*Eostafalla* sp.等。

尧云玲组（C₁y）：1976年由广西区测队创名，源自广西罗城仫佬族自治县东门镇天水一带深灰色厚层灰岩，后人引用推广至今。该区主要为一套灰–深灰色中厚层灰岩、含泥质灰岩、生物屑灰岩等。沉积环境属半局限–开阔的碳酸盐岩台地沉积。生物群以珊瑚类*Pseudouralinia* sp.（图1–5、图1–6）为特征，主要种类有*P. gigantea*等。

英塘组（C₁yt）：1976年由广西区测队创名，源自广西罗城仫佬族自治县东门镇天水一带深灰色厚层灰岩，后人引用推广至今。该测区主要为灰–灰黑色泥岩、砂岩、泥灰岩、泥质灰岩、灰岩、燧石灰岩等。沉积环境属滨海至浅海碳酸盐岩台地沉积。本组富产珊瑚类*Pseudouralinia*

图1–5　用*Pseudouralinia* sp. 做的艺术品（×0.4）

图1–6　*Pseudouralinia* sp.（×0.4）

sp.、腕足类*Camarotoechia kinilingensis* 等。

都安组（$C_{1-2}d$）：1979年由许寿勇、林甲兴创名，源自广西大化县六也乡，为浅灰色灰岩夹白云岩，后人引用推广至今。该测区为灰−浅灰色厚层块状灰岩、生物屑灰岩、藻屑灰岩，属开阔台地环境沉积。富产珊瑚类*Tuanophyllum kansuense*、腕足类*Gigatprductus giganteus*、蜓类*Eostafalla guangxiensis*等。

南丹组（$C_2-P_1^1n$）：1987年由广西区测队创名，源自广西南丹县鹿寨镇么腰，为灰色厚层泥晶灰岩夹生粉碎屑灰岩、含燧石条带于大埔组之上的一套岩系，后人引用推广至今。该测区岩性中下部为一套深灰色中薄层含燧石条带泥晶灰岩、夹厚层生物屑灰岩、砾屑灰岩，夹少量白云岩（图1-7），上部为深灰色中厚层白云岩夹灰岩和燧石条带。沉积环境属盆地斜坡相。主要化石有蜓类*Triticites sublobarus*、牙形石类*Idiognathodus magmfiws*、菊石类*Properrites* sp.等。

图1-7　白云岩（×0.4）

二、古生物化石

化石的类型丰富多样，有很高的科学价值。化石能客观反映地质历史中的海陆变迁和古地理环境，对指导沉积矿产寻找具有一定的现实意义，对探讨生命起源和生物进化具有重要的科学意义。古生物化石是地质历史的真实记录，要了解地球过去的环境，必须先了解古生物化石。化石是保存在地层中的生物遗体、遗迹的总称。另外，随着科学及旅游业的发展，人们的求知欲不断提高，古生物化石知识亟待普及，高层次的旅游（地质、生物、自然科学）考察有助于提升旅游档次，具有特殊的科学价值、观赏价值，同时，古生物化石是高档次的旅游纪念产品。因德天测区的地层中化石种类比较丰富，为了配合本区地质科研和旅游业的发展、普及古生物化石知识，特将化石有关基本知识做简要介绍。

（一）化石类型

在地层中的化石，按其保存特点，可大致分为实体化石、模铸化石、遗迹化石和化学化石四大类型。

1. 实体化石

实体化石是指古生物遗迹本身保存下来的化石，又分为未变实体化石和变化实体化石两类。

（1）未变实体化石

指保存在地层中未经明显变化的、近于完整的古生物遗体。一般是在冷冻、干燥、严密封闭等特殊条件下形成。这类化石不多，如在西伯利亚第四纪冻土层发现的距今25000年前的猛犸象，其血肉皮毛甚至胃中食物都保存完好；又如我国抚顺古近纪煤层所含的琥珀（化石松香）（图1-8）中，常保存完美栩栩如生的昆虫（蚊、蜂、蜘蛛等）；再如密封在石英晶体中的脱水细菌和新生代沙漠中的哺乳动物干尸等，也属于未变实体化石。

（2）变化实体化石

经过石化作用的古生物遗体叫作变化实体化石。多数化石属于此类，如哺乳动物骨骼的化石和硅化木

图1-8　琥珀（×5）

图1-9　硅化木（×0.3）

（图1-9）及大部分的贝壳化石等。

2. 模铸化石

（1）印痕化石

指古生物遗体被埋葬前陷落在松软细密的底层中印下的痕迹。遗体往往遭受破坏，故发现印痕化石时一般看不到它的实体化石。但这种印痕化石却能反映该古生物体的主要特征，如腔肠动物中水母的印痕和有些植物叶子的印痕化石（图1-10）。

图1-10　叶子印痕化石（×1）

（2）印模化石

印模化石包括内模和外模两种。古生物遗体的坚硬部分如贝壳的外表印在围岩上的形态叫外模，它能反映原来古生物的外部形态和构造。壳体内面的轮廓和构造印在围岩或充填物上的形态叫内模，它能反映古生物硬体的内部形态及构造特征。外模和内模所反映的古生物形态和构造的凹凸情况，一般与原物面凹凸情况相反（图1-11）。

图1-11　印模化石（×0.8）

（3）铸型化石

古生物壳体被埋葬后，若内部先为沉积物填充，遗体再被地下水溶蚀掉，所留下的空隙为其他物质填充满，填充物保存了壳体的原形及大小，即构成铸型化石（图1-12）。

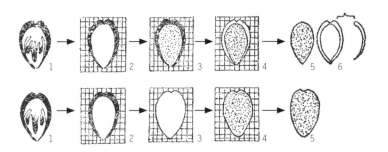

上－内核的形成：1.双壳纲壳瓣；2.软体腐烂，并被掩埋；3.内部被填充；4.壳瓣被溶蚀；5.内核，其表面即内模；6.空隙被填充形成的铸型

下－外核的形成：1.双壳纲壳瓣；2.软体腐烂，并被掩埋；3.外壳溶蚀留下外模；4.空隙被充填；5.外核

图1-12　铸型化石形成示意图

（4）核化石

有些生物如螺蚌（图1-13）等，若其壳内的空腔为泥沙填满，则此充填物的大小和形状与原空腔完全一致，成为反映壳内面构造的实体，称为内核。它的表面显示内模。如果壳内空腔没有被泥沙填充，当贝壳溶解后，就留下一个与原壳同形等大的空间，此空间如再被其他物质充填，就形成与原壳外形一致、大小相等而成分均一的实体，称为外核。

图1-13　螺化石（×4）

铸型与外核的外形一样，都与实体化石外形相似，都无内部构造保存，其成分往往和原物的完全不同，但铸型中含有内核，外核中则不含内核。

模铸化石一般见于实体化石的围岩和充填物中，但在爬痕化石、掘穴化石等遗迹化石中，也可以模铸形式保存。

3. 遗迹化石

遗迹化石是指保存在地层中的古生物活动的痕迹和遗物，如高等动物的足迹，无脊椎动物的爬痕、掘穴、钻孔、潜穴和遗迹等。根据遗迹化石可推测该动物当时的生活情况：从足印的大小、深浅和排列可推知生物体的大致体重、行动的方式和速度以及食性等，爪迹则为肉食动物，蹄迹则一般为草食动物。

广义的遗迹化石，还包括动物新陈代谢的排泄物和生殖产物，如粪化石、蛋化石（恐龙蛋、鸵鸟蛋等）。此外，古代人类的劳动工具如石器、骨器等遗物和文化遗物等也属于化石，但只限于旧石器时代的遗物，新石器时代的遗物则一般归属于文物考古的范畴。

4. 化学化石

组成古生物体的古老有机物，未经变化或经过轻微变化，保存在各时代地层中，它们具有一定的化学分子结构，称为化学化石或分子化石，如氨基酸、蛋白质等。

（二）代表性化石门类

德天测区古生物化石门类较多，据不完全统计，寒武系地层中，有三叶虫类、腕足类；泥盆系中除了三叶虫类、腕足类外，还有古植物类、珊瑚类、双壳类、鱼化石类、菊石类、牙形石类、层孔虫类、有孔虫类及石炭系中的䗴类等门类。

为了更好地普及古生物相关门类的基本知识，更好地展现本测区古生物群的面貌，便于读者深入、全面了解德天瀑布，本书对几个既有科学研究价值又可作为旅游纪念的大化石门类的基本构造特征及代表性的属种特征做扼要介绍。

1. 三叶虫类化石

（1）三叶虫简介

三叶虫是已绝灭的古生代的海生节肢动物，主要营浅海底栖爬行生活，少数营钻泥（如三瘤虫类）或浮游（如球接子类）生活。由于其背甲可以从前向后分为头、胸、尾三部分，并被两条从头到尾的背沟分为中间的轴部和两侧的肋部，也成三部分，故名三叶虫。虫体一般呈椭球形，长约几厘米，最大可达几十厘米。背甲坚硬，易成为化石。腹面柔软，极难成为化石。三叶虫类一般形态构造示意图见图1-14。

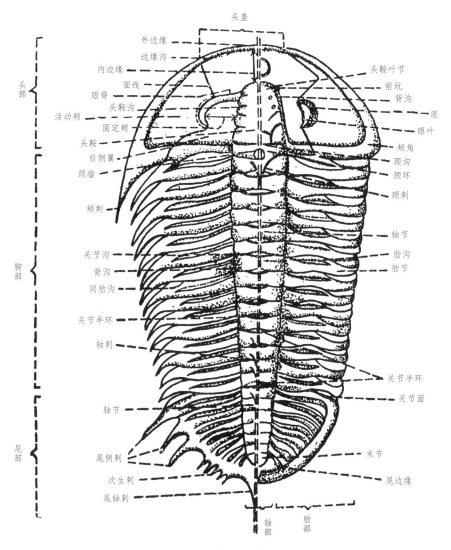

图1-14 三叶虫类一般形态构造示意图

（2）代表性物种

标准和温虫（*Hewenia*）：头鞍切锥形。有三对头鞍沟，前一对极短，中间一对与切锥线平行，后一对向后伸至近颈沟。眼叶呈新月形。固定颊宽度小于头鞍宽度的1/2。前边缘沟具小陷孔。胸部10节。尾部小，呈半椭球形，中轴宽，末端圆钝，尾边缘极窄（图1-15）。产于寒武统。

图1-15　标准和温虫（*Hewenia*）（×3）（引自周天梅等，1977）

广西盾壳虫（*Guangxiensis*）：头部近半球形。头鞍呈长方形，无头鞍沟，两外侧有一对边叶。固定颊宽度略大于头鞍宽度。眼叶大，呈半圆形，位于头盖中后部。面线前支平行，后支短而斜伸。胸部10节，中轴比肋部窄，肋节平直，第二肋节开始有肋刺。尾部中轴窄，肋部第一肋节大，向外变宽。有一对粗壮的侧刺，尾边缘窄（图1-16）。产于上寒武统上部地层。

图1-16　广西盾壳虫（*Guangxiensis*）（×3）

舒马德虫（*Shumardia*）：头鞍凸，两侧近平行，至前端向前收缩，呈一尖圆的头鞍前端。头鞍后部有两对极短而弱的鞍沟。颈沟窄而深。颊部凸起，无颊刺。胸部 7～8 节，肋部第 4 节有向后弯曲的肋刺。尾部呈半球形，中轴宽，呈锥形，分 4～5 节，肋部窄，边缘窄而清楚（图1-17）。产于上寒武统下部地层。

图1-17　舒马德虫（*Shumardia*）（×2）（引自周天梅等，1977）

蝴蝶虫（*Blackwelderia*）：头鞍呈切锥形，前端圆润。有两对头鞍沟，前一对短，后一对深而长，向后斜伸。固定颊宽度大于头鞍宽度的1/2，眼叶中等大小且向外强烈弯曲似"V"形，位于头盖中后部。外边缘窄而翘起。面线前支近于平行，表面具疣点。产于上寒武统下部。（图1-18）

图1-18　蝴蝶虫（*Blackwelderia*）（×2）（引自周天梅等，1977）

2. 腕足类化石

腕足动物是生活在海水中两个钙质壳或少数磷质壳包住腕状足的一类无脊椎动物，自寒武纪出现，至晚古生代最为繁盛，二叠纪之后大量灭绝，仅少量属种延续至今。

（1）腕足动物基本构造

贝体方位： 腕足动物具有两个大小不等的外壳，较大的叫腹壳（茎壳），较小的叫背壳（腕壳）。腹壳的一端有一个圆形或三角形的洞孔，供肉茎伸出，叫茎孔。自茎孔到前缘划一中线，可把壳体分成左右对称的两部分，这是腕足动物区别于双壳（瓣鳃）动物的一个主要特征。具茎孔的一端叫后方，相对的一端叫前方。壳可按其长、宽、厚进行度量。腕足动物贝体的观察坐标及贝体测量方位示意图见图1-19。

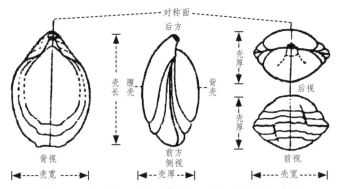

图1-19　腕足动物贝体的观察坐标及贝体测量方位示意图

轮廓与凹度： 腕足动物贝体的轮廓有方形、圆形、梯形、三角形、卵形、椭圆形等。腕足动物贝体的侧视图及两壳凸度的类型见图1-20。

双凸型　背凸型　平凸型　凹凸型1　颠倒型　凸凹型　假颠倒型　凹凸型2　凸平型

图1-20　腕足动物贝体的侧视图及两壳凸度的类型

　　壳面纹饰： 壳面纹饰有的为放射纹和同心纹，有的为瘤粒和针刺，粗细不一，其类型见图 1-21。有的必须借助放大镜才能观察到，叫微细壳饰。

同心纹　　　　同心皱　　　　同心层　　　　放射纹

放射褶纹　　　　　　网状纹　　　　　　壳刺

图1-21　腕足动物壳面纹饰类型

　　贝体后部： 两壳后缘相向会聚的区域，叫壳顶。当壳顶向后方伸突显著，并相当膨胀而弯曲时，叫壳喙。小嘴贝与穿孔贝两类中，壳喙分为直伸、近直伸、近垂直、垂直、缓弯和强弯六种类型。

　　腹、背两壳后方，喙脊与主缘之间，有一个三角形的壳面，在正行贝类、扭月贝类和石燕类上的，叫铰合面（主面或间面）；在小嘴贝类、穿孔贝类、五房贝类上的，叫后转面；在无铰纲腕足动物，亚锤形腹壳后方斜坡或两壳后方缓平的加厚壳面，叫假铰合面（假间面）。腹、背壳的铰合面中央，各有一个三角形的孔洞，叫腹、背三角孔（腹、背窗孔）。正形贝类和扭月贝类，覆在腹三角孔上的板状壳质，微细构造与壳体不同，叫假三角板（假窗板）。

　　腕足动物腹壳的各种器官（图1-22）为中隔板、齿板、顶腔、茎孔、喙脊、后转面、铰齿、三角双板、顶板、铰合面、铰合线。

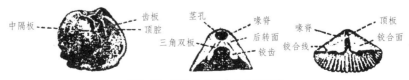

中隔板　　　　齿板　　　茎孔　　喙脊　　　喙脊　　　顶板
　　　　　　　顶腔　　　　　　后转面　　　　　　铰合面
　　　　　三角双板　　　铰齿　铰合线　　铰合线

图1-22　腕足动物腹壳的各种器官

（2）代表性属种

无窗贝（*Atris*）：呈方形，中槽宽而浅，两壳有稀疏同心纹，铰合线短，壳长约3.6厘米，宽约4.2厘米（图1-23）。多产于下泥盆统郁江组中下部的泥质灰岩中。

无洞贝（*Atrypa*）：两壳呈凸平–微双凸型，整体近圆形，长2.5～3.5厘米，宽3.2～4.5厘米，壳面有放射纹及少量同心纹饰（图1-24）。多产于郁江组中下部泥质灰岩中。

兰腕贝（*Levenea*）：两壳呈微双凸型，整体呈较小的扇形，长约1.5厘米，宽约2.1厘米，壳面有细密放射纹，少量同心纹饰，中槽浅（图1-25）。产于郁江组中上部泥灰岩中。

鸮头贝（*Stringocephalus*）：个体较大，最大的长度可超过10厘米。鸮头贝因形体很像鸮类猛禽的头部而得名。背壳、腹壳双凸，呈心形至球形，腹壳壳喙高突、尖锐，向内弯曲呈钩状。当新鲜未风化时，壳外可见细的同心纹，但通常我们所见的壳面光滑，见不到纹饰（图1-26）。主要产于广西中部的中泥盆统泥灰岩、灰岩及白云质灰岩中。

阔石燕（*Euryspirifer*）：石燕形，主端尖，壳面有粗的放射褶纹，长约2.5厘米，宽约4.2厘米（图1-27）。多产于下泥盆统郁江组中下部灰岩中。

喙石燕（*Rostrospirifer*）：石燕形，壳面叠瓦状放射褶纹明显，中槽、中隆明显，长约2.5厘米，宽约4.2厘米（图1-28）。产于下泥盆统郁江组中下部灰岩中。

双腹扭形贝（*Dicelotrophia*）：贝体呈扁平肺叶形，壳面有细密放射纹，长1.5～2.5厘米，宽2～3厘米，铰合线直（图1-29）。产于下泥盆统郁江组中上部泥灰岩中。

弓石燕（*Cyratospirfer*）：常见种，其个体大小及形状与一般菱角相近。两壳双凸，腹壳具有鸟嘴状的壳喙，壳体中央有凸起的中隆和下凹的中槽。在中隆与中槽中发育有细密的放射纹，两侧的放射纹饰较粗（图1-30）。主要产于上泥盆统泥灰岩及钙质泥岩中。

图1-23　无窗贝（*Atris*）（×1）

图1-24　无洞贝（*Atrypa*）（×1）

图1-25　兰腕贝（*Levenea*）（×1）

图1-26　鸮头贝（*Stringocephalus*）（×0.5）

图1-27　阔石燕（*Euryspirifer*）（×1）

图1-28　喙石燕（*Rostrospirifer*）（×0.5）

图1-29　双腹扭形贝（*Dicelotrophia*）（×2）

图1-30　弓石燕（*Cyratospirfer*）（×2）

网格长身贝（*Dictyoclostus*）：贝体凹凸型，壳面呈放射纹（线）发育。长约2.5厘米，宽约3.5厘米，后部近壳顶具同心纹饰，与放射纹交织成网格状，并以此得名（图1-31）。产于下石炭统泥质灰岩中。

图1-31　网格长身贝（*Dictyoclostus*）×1

3. 珊瑚类化石

珊瑚是指现在已经灭绝的古生代珊瑚，一般可分为四射珊瑚和横板珊瑚（亦称床板珊瑚）两大类。在动物分类学上，它们都归属腔肠动物门。最早见于奥陶纪，二叠纪末灭绝。六射珊瑚最早出现于中生代三叠纪，当代为最盛期。四射珊瑚和横板珊瑚也与现今的六射珊瑚一样营底栖固着生活，珊瑚虫软体具有消化功能的中央腔（体腔），口部外围生有一定数目的触手，珊瑚软体即坐落在其分泌的外骨骼顶部的萼穴之中。现在我们看到的珊瑚化石，是它们的外骨骼部分，软体部分很难保存成化石。由单体珊瑚虫分泌的外骨骼称为单体珊瑚，由群体珊瑚虫分泌的外骨骼称为复体珊瑚。

（1）珊瑚化石的基本构造

以常见的四射珊瑚为例。四射珊瑚和横板珊瑚的形态类型与基本构造见图1-32至图1-37。

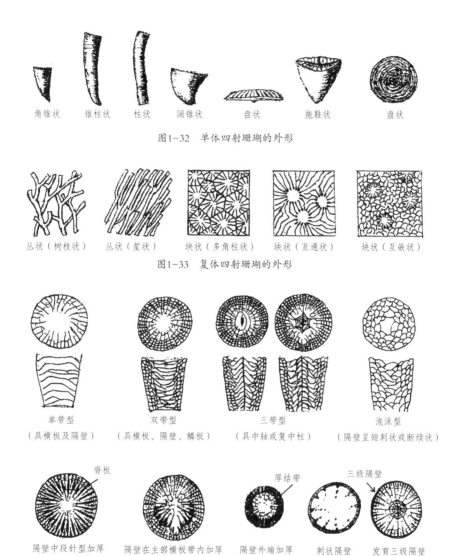

角锥状　锥柱状　柱状　阔锥状　　盘状　　　拖鞋状　　　盘状

图1-32　单体四射珊瑚的外形

丛状（树枝状）　丛状（笙状）　块状（多角柱状）　块状（互通状）　块状（互嵌状）

图1-33　复体四射珊瑚的外形

单带型　　　　　双带型　　　　　　　三带型　　　　　　　泡沫型
（具横板及隔壁）　（具横板、隔壁、鳞板）　（具中轴或复中柱）　（隔壁呈短刺状或断续状）

脊板

厚结带　　　　　　三级隔壁

隔壁中段针型加厚　　隔壁在主部横板带内加厚　隔壁外端加厚　　刺状隔壁　　发育三级隔壁
（隔壁辐射对称排列）　（隔壁两侧对称排列）　形成边缘厚结带

图1-34　四射珊瑚的主要构造类型

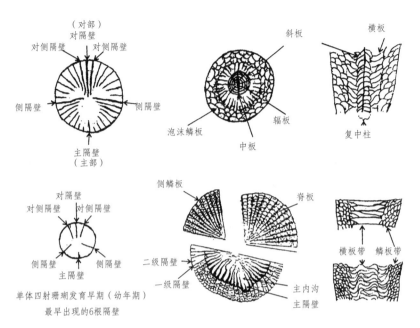

图1-35　四射珊瑚的基本构造

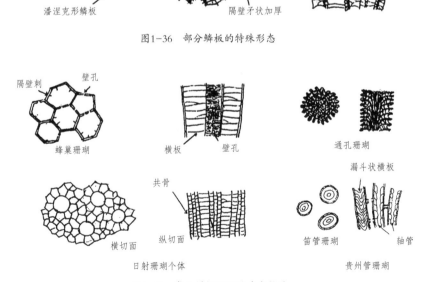

图1-36　部分鳞板的特殊形态

图1-37　常见横板珊瑚的基本构造

（2）常见四射珊瑚代表

拖鞋珊瑚（*Calceola*）：外形特别，为尖头拖鞋状，底面平，个体呈立体等腰三角锥形。表面常见生长纹。剖面呈半圆形或近三角形。具半圆形萼盖。其上或见隔壁为棱脊状，体腔内发育泡沫板（图1-38）。多产于下泥盆统郁江组。

图1-38　拖鞋珊瑚（*Calceola*）（×3）

管内沟珊瑚（*Siphonophrentis*）：单体或松散丛状复体，个体中等大小，体径一般为20～30毫米，外壁较厚，一级隔壁较短。常发育主内沟。部分种的个体发育有周期性的返青现象，其一级隔壁的长短也呈周期变化。横板大多完整，中部平或微凹，两侧外倾，略呈马鞍状，无鳞板。（图1-39）

实体标本顶视（×0.7）　　横切面（×0.7）　　纵切面（×0.7）

图1-39　管内沟珊瑚（*Siphonophrentis*）

小盘珊瑚（*Microcyclus*）：扁平圆盘状单体，底面有同心生长纹，隔壁呈棱脊状，呈两侧对称排列，二级隔壁短，具主内沟。手标本呈平碟状，个体较小，体盘直径一般10~20毫米（图1-40）。产于下泥盆统郁江组中部。

切珊瑚（*Temnophyllum*）：锥状、锥柱状单体，个体小型至中等，体径一般10~20毫米，一级隔壁较长，外端明显加厚，侧向连接构成边缘厚结带。内端变薄，二级隔壁的宽度稍大于厚结带宽度。麟板带较宽，由多列细小半球状、球状麟板构成（图1-41至图1-43）。麟板带大多数被厚结带掩盖。横板不完整，轴部较平或微上凸，两侧内倾。该属分布广泛，其最重要的特征是有明显且较宽的边缘厚结带，宽为半径的1/3~1/2。层位为中泥盆统东岗岭组。

图1-40　小盘珊瑚（*Microcyclus*）（×1）　　图1-41　切珊瑚（*Temnophyllum*）（×1）

图1-42　切珊瑚（*Temnophyllum*）（×1.5）　　图1-43　切珊瑚（*Temnophyllum*）（×2）

六方珊瑚（*Hexagonaria*）：属四射复体块状珊瑚。一般块体长度为10～30厘米，由多角柱状的个体组成。萼部表面具有蜂巢状的凹穴，横切面上可见到个体直径为6～15毫米的不规则六边形，故名六方珊瑚；纵切面上可见长柱状个体呈扇形排列（图1-44）。主要产于中泥盆统灰岩、泥灰岩中。

横切面（×1.6）

纵切面（×1.6）

图1-44　六方珊瑚（*Hexagonaria*）切面图

假乌拉珊瑚（*Pseudouralinia*）：属大型单体角锥状四射珊瑚，角体长15～20厘米，萼部直径4～7厘米，横断面边缘部有泡沫板，主部隔壁加厚，显得短厚（图1-45）。产于下石炭统泥质灰岩中。

横切面（×1）

纵切面（×1.2）

图1-45　假乌拉珊瑚（*Pseudouralinia*）切面图

袁氏珊瑚（*Yuanophyllum*）：属大型角锥状单体四射珊瑚，角体长20厘米左右，萼部直径5厘米左右，横断面鳞板带宽，鳞板呈"人"字形排列，主部隔壁内半部加厚，主内沟明显（图1-46）。产于下石炭统上部。

贵州珊瑚（*Kueichophyllum*）：属四射珊瑚。其特征为大型单体，一般体长15～30厘米，体径4～7厘米，呈曲角锥状，颇似牛角，当地人称其为"牛角石"。珊瑚体外壁上常分布有密集的横向环状生长纹，在和平行于隔壁竖纹横切面上可见有较多呈放射状排列的隔壁及隔壁间的鳞板，而且主部内端加厚，鳞板带宽（图1-47）。产于下石炭统上部。

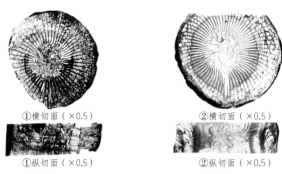

①横切面（×0.5）　②横切面（×0.5）

①纵切面（×0.5）　②纵切面（×0.5）

图1-46　袁氏珊瑚（*Yuanophyllum*）切面图

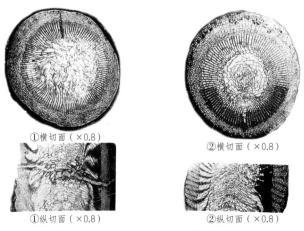

①横切面（×0.8）　②横切面（×0.8）

①纵切面（×0.8）　②纵切面（×0.8）

图1-47　贵州珊瑚（*Kueichophyllum*）切面图

（3）常见横板珊瑚（床板珊瑚）代表

蜂巢珊瑚（*Favosites*）：块状群体，外形多样，大小不一，有饼状、半球状、圆筒状等。个体多呈角柱状，体壁薄。连接孔分布在个体体壁上，呈纵列分布。横板（床板）完整，大多数水平，少数或倾斜或微弯曲。常具隔壁刺，呈隔壁刺状或瘤状，呈纵列分布或不发育。该属个体体径一般1~4毫米（图1-48）。产于早泥盆世至中泥盆世早期。

通孔珊瑚（*Thamnopora*）：树枝状群体，个体细小多呈角柱状，由枝体轴部呈放射状向上向外分散排列，近开口部一段与枝体表面垂直，复体横切面上个体在轴部附近呈棱角形。体壁一般较薄。灰质加厚，其厚度由轴部向边缘逐渐增大，边缘部分个体切面呈浑圆多角形，体壁一般较厚。连接孔大，多呈一列分布于个体体壁。横板（床板）完整，平、斜或微弯，较稀疏。隔壁刺一般不发育（图1-49）。产于中泥盆统。

图1-48 蜂巢珊瑚（*Favosites*）（×0.2）

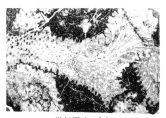

实体标本（×1）　　　　　　　　　　纵切面（×1）

图1-49 通孔珊瑚（*Thamnopora*）

枝孔珊瑚（*Cladopora*）：构造特征与通孔珊瑚相似。一般枝体较细小，常见大小为5～7毫米。与通孔珊瑚的最大差别是其个体近口部与枝体表面斜交（锐角相交）（图1-50）。产于中泥盆统。

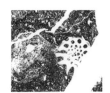

①纵切面（×1）　　　②横切面（×1）　　　③纵切面（×1）

图1-50　枝孔珊瑚（*Cladopora*）

4. 双壳类化石

（1）双壳类简介

双壳类（图1-51）是具有两瓣左右对称外壳的水生软体动物，单瓣壳无对称中心，此亦为其与腕足类的重要区别。腕足类壳体分腹壳和背壳，两壳均有通过其喙部的对称面，这也是识别腕足类和双壳类的重要依据。双壳类生态类型多样，在海水、半咸水、淡水中均可以生活，俗称蚌壳类。其外观形态亦种类繁多，大小差别巨大。

前斜的　　　不斜的　　　前转的 不等瓣的　　向后突出的　　裁切的

图1-51　双壳类化石外观形态

双壳类（*Bivalvia*）：在广西，双壳类化石的分布十分广泛，从古生代至中、新生代的海、陆相地层各种相带中均有分布。而大多数双壳类演化较慢，其分层、分带大多不明显。因此，在地层划分中多引用其他分带较明显的化石门类作为地层划分对比的依据。由于双壳类生态适应性强，在一些不适合其他门类生物生活的环境也可生存和发展，因此在某些地层层段，双壳类化石对地层划分对比仍有重要价值。在广西，如在早泥盆世早期和三叠纪中期划分对比中，尤其在三叠纪地层中，双壳类化石分布广泛，数量丰富，分带较明显，在野外条件下采集方便，且有相当部分属种易于识别，是二叠纪地层划分对比的重要化石门类之一。

（2）双壳类的基本构造

双壳类的基本构造见图1-52。

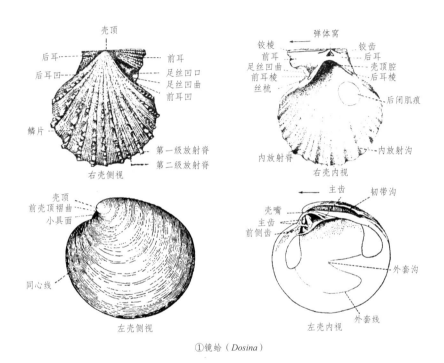

①镜蛤（*Dosina*）

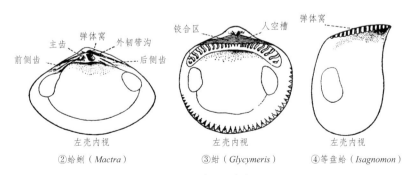

②蛤蜊（*Mactra*）　　③蚶（*Glycymeris*）　　④等盘蛤（*Isagnomon*）

图1-52　双壳类的基本构造

（3）泥盆纪的双壳类化石

广西泥盆纪双壳类化石主要分布在下泥盆统的莲花山组、郁江组和那高岭组的浅海相岩石中。

小类粟蛤（*Nuculoidea*）：壳小，壳长小于1厘米，壳顶最高端位于近壳体中央（图1–53）。壳面具同心纹饰，保存较差。产于下泥盆统那高岭组。

（×7.8）   （×7）

图1–53　小类粟蛤（*Nuculoidea*）

里毛翼蛤（*Limperia*）：壳体后耳发达，前耳不明显，壳面具放射线纹和同心纹（图1–54）。产于下泥盆统郁江组泥灰岩中。

图1–54　里毛翼蛤（*Limperia*）（×3）

　　赛米特蛤（*Cimilaria*）：壳体呈长卵形，壳面从壳顶向后腹部有凸起隆脊，壳面近光滑或分布具微弱同心纹饰（图1-55）。产于下泥盆统那高岭组生物灰岩中。

　　拟斯克拉蛤（*Paracyclus*）：壳体近扁圆形，直径1～2厘米，无耳，壳面具同心纹饰（图1-56）。产于下泥盆统那高岭组中。

　　拉卡壳菜蛤（*Mytilarca*）：壳体呈竖卵形，铰合线短，壳面光滑或分布有微弱同心纹饰（图1-57）。产于下泥盆统那高岭组生物灰岩中。

图1-55　赛米特蛤（*Cimilaria*）（×3）

图1-56　拟斯克拉蛤（*Paracyclus*）（×3）

图1-57　拉卡壳菜蛤（*Mytilarca*）（×3）

裂齿蛤（*Schiaodus*）：壳近扁圆形，近前部自壳顶向腹部有一条微凸起隆脊（图1-58）。产于下泥盆统那高岭组生物灰岩中。

假麦克蛤（*Pseudomuculona*）：壳体呈长卵形，壳顶突出，壳面光滑（图1-59）。产于下泥盆统郁江组泥灰岩中。

褶翼蛤（*Ptychopteria*）：壳前耳发达，后耳次之，壳面具放射褶纹及少量同心纹饰（图1-60）。产于下泥盆统郁江组灰岩中。

射翼蛤（*Actinopteria*）：壳体前耳小，后耳大，壳面具放射纹和同心纹饰（图1-61）。产于下泥盆统郁江组灰岩中。

图1-58　裂齿蛤（*Schiaodus*）（×2）　　图1-59　假麦克蛤（*Pseudomuculona*）（×2）

图1-60　褶翼蛤（*Ptychopteria*）（×1.5）　　图1-61　射翼蛤（*Actinopteria*）（×2）

第二章　德天瀑布地区地质构造、地质灾害

　　本章主要阐述德天瀑布景区范围内地质构造、地质灾害的发育情况，以及有关基本知识。地质构造是指岩石在地质应力作用下产生的变形变质的产物。基本的地质构造有褶皱、断裂、节理、劈理，它们是营造各种地质遗迹景观（雏形）的基本必备条件。地质灾害是 20 世纪 80 年代逐渐普及的灾害名称，之前人们一般称自然灾害，细分为水灾、风灾、雪灾等。而如今地质灾害常指与地质有关的灾害，即在地球运动中，本身的某一区域失去了平衡，于是发生地震、气候反常等，导致地质灾害频发，常见的有滑坡、崩塌、塌陷、泥石流等。地质灾害常给人们的生命财产带来重大损失，中国主要采取预防为主、防治结合的方针，尽可能将因地质灾害造成的损失降到最低。

一、地质构造

（一）地质构造基本知识

　　地质构造：指岩石在地质应力作用下产生的变形变质的产物。基本的地质构造有褶皱、断裂、节理、劈理，它们是营造各种地质遗迹景观（雏形）的基本必备条件。

1. 褶皱

褶皱是岩层受力变形产生的一系列连续弯曲，也称褶曲。岩层褶皱后原有的位置和形态均已发生改变，但其连续性未受到破坏。褶皱是由相邻岩块发生挤压或剪切错动而形成的，是地质构造作用的直观反映。褶皱的形态多样，大小不一，依其形成环境和条件而定。

（1）褶皱的几何要素

褶皱的几何要素包括核、翼、弧尖、枢纽、轴面、轴线等（图2-1）。

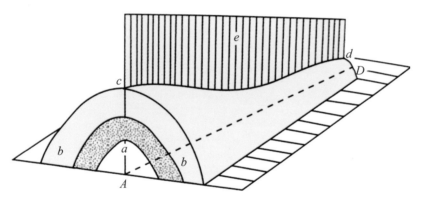

a—核；b—翼；c—弧尖；cd—枢纽；e—轴面；AD—轴线

图2-1　褶皱的几何要素

核：指褶皱岩层的中心。

翼：指褶皱岩层的两坡。

弧尖：指背斜横断面上的最大弯曲点。

枢纽：指单个层面最大弯曲点的连线，或同一层面上弧尖的连线。枢纽可以是直线，也可以是曲线。

枢纽的倾斜方向：指枢纽倾伏向，其产状随褶皱形态的变化而改变。

轴面：指褶皱两翼近似对称的面（假想面），它也可以是曲面，其产状随着褶皱形态的变化而变化。轴面与褶皱的交线，就是枢纽。

轴线（轴迹）：轴面与水平面或地面的交线。

褶皱的长、宽、高是决定褶皱大小的三要素，以同一褶皱层为测量基准。长即枢纽的长度；宽是相邻两背斜（或向斜）弧尖之间的距离，在横剖面（垂直枢纽的切面）上测量；高是相邻背斜弧尖与向斜弧尖间的距离，在横剖面上顺着轴面形迹测量。

背斜与向斜形成示意图见图2-2。

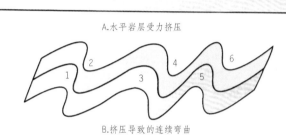

A.水平岩层受力挤压

B.挤压导致的连续弯曲

图2-2　背斜（1、3、5）与向斜（2、4、6）形成示意图

（2）褶皱的类型

褶皱的基本类型是背斜与向斜。原始水平岩层受力后向上凸曲者称为背斜；向下凹曲者称为向斜。在直立或倾斜褶皱岩层的横剖面上，凡背斜者，核部岩层的时代最老，朝两翼依次变新；凡向斜者，核部岩层的时代最新，朝两翼依次变老。

背斜与向斜常是并存的。相邻背斜之间为向斜，相邻向斜之间为背斜。相邻的向斜与背斜共用一个翼。

2. 断裂

断裂是指岩石的破裂，是岩石的连续性受到破坏的表现，当作用力的强度超过岩石的强度时，岩石就要发生断裂，断裂是地质构造变形的另一种直观反映。

断裂包括断层与节理两部分，有关"节理"的内容在"断裂"后介绍。岩石破裂，并且沿破裂面两侧的岩块有明显的相对滑动移位者，称为断层。

（1）断层的几何要素

断层的几何要素包括断层面、断层盘、断层滑距等（图2-3）。

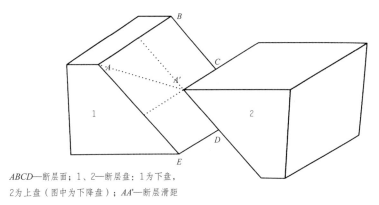

ABCD—断层面；1、2—断层盘：1为下盘，
2为上盘（图中为下降盘）；*AA'*—断层滑距

图2-3 断层的几何要素

断层面：分隔两个岩块并使其发生相对滑动的面。断层面有的平坦
光滑，有的粗糙，有的略呈波状起伏。断层面的走向、倾向与倾角，称
为断层面的产状要素。

断层盘：被断开的两部分岩块，其中位于断层面之上的，称为上盘
岩块，位于断层面以下的，称为下盘岩块。相对上升者称为上升盘，相
对下降者称为下降盘。上盘岩块和下盘岩块都可以是上升盘或下降盘。
如果断层面直立，就分不出上盘岩块、下盘岩块。如果岩块做水平滑
动，就分不出上升盘和下降盘。

断层滑距：断层两盘岩块相对移动的距离。它有不同的度量方法。
断层两盘岩块相当的点（在断层面上的点，未撕裂的为同一点，未因断
裂而移动），其两点间的直线距离称为滑距，代表真位移，它可以分解
为沿水平方向的真位移及沿垂直方向的真位移。断层两盘岩块中相当层
（未断裂前为同一层）因断裂而在剖面图或平面图中表现出来的移动距
离，称为断距或断层落差，代表视位移。

断层产状与地层产状并不完全相同，断层形成后受外力侵蚀的状况
比较复杂，所以视位移不等于真位移。

（2）断层命名

① 按断层两盘岩块相对滑动方向，可分为以下三种。

正断层：上盘岩块向下滑动，两侧相当的岩层相互分离。

逆断层：上盘岩块向上滑动，可掩覆于下盘岩块之上。若逆断层中断层面倾斜平缓，倾角小于25°，则称为逆掩断层。

走滑断层：也称平移断层。被断的岩块沿陡立的断层面做水平滑动。根据相对滑动方向，可分为左旋与右旋两类。观察者位于断层一侧，对侧向左滑动者称为左旋，对侧向右滑动者称为右旋。

断层示意图见图2-4。断层如兼有两种滑动性质，可复合命名，如走滑-逆断层，逆-走滑断层。前者表示以逆断层为主兼有走滑断层性质，后者表示以走滑断层为主兼有逆断层性质。

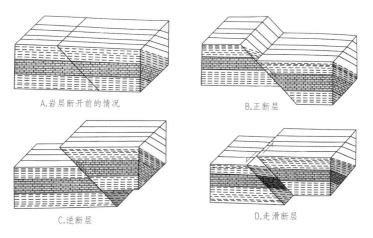

图2-4　断层示意图

② 根据断层走向与被断岩层走向（或区域性岩层走向）的几何位置关系，可分为以下三种。

走向断层：断层走向与岩层走向平行。若断层走向与区域性岩层走向平行，则称走向断层。

倾向断层：断层走向与岩层走向垂直。若断层走向与区域性岩层走向垂直，则称倾向断层（横断层）。

斜向断层：断层走向与岩层走向斜交。若断层走向与区域性岩层走向斜交，则称斜向断层。

③根据断层的组合形式，可分为地垒与地堑。

地垒：是倾斜面相对的两个正断层所夹持的共同下盘（上升盘）岩块，常为山岭。

地堑：是倾斜面相向的两个正断层所夹持的共同上盘（下降盘）岩块，常为谷底。

3. 节理

岩石破裂后，断裂面两侧岩块没有明显位移的断裂，称为节理。它是分布最广、最常见的一种断裂构造。节理常与断层或褶皱伴生，成群成组出现形成有规律的排列组合。节理的大小不一，小的只有几厘米，大的可延伸几米、几十米。分布也不均匀，有的地方密集，有的则较稀疏。沿着节理劈开的面称为节理面。节理面可以是水平的、倾斜的、直立的，其产状用走向、倾向和倾角表示。图2-5为在褶皱构造中的各种节理。

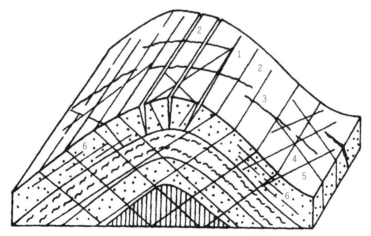

1、2—走向节理（纵节理）；3—倾向节理（横节理）；
4、5—斜向节理（斜节理）；6—顺层节理
（据宋春青，2005）

图2-5　在褶皱构造中的各种节理

（1）节理的成因分类

构造节理指岩石在构造运动作用下产生的节理。构造节理是本部分介绍的重点。另外，还有非构造节理。

非构造节理指岩石在外力地质作用下（如风化、山崩、滑坡、喀斯特塌陷、冰川活动、人工爆破等）所产生的节理，以及岩浆岩在冷凝成岩过程中所形成的原生节理。

（2）节理的几何分类

节理的几何分类是指按节理与其所在的岩层或其他构造的关系进行的分类。

根据节理与所在岩层的产状要素的关系可以分为走向节理、倾向节理、斜向节理、顺层节理。

根据节理的走向与所在褶曲枢纽的关系可以分为纵节理、横节理、斜节理。

（3）节理的力学成因分类

按照产生节理的力学性质不同，节理分为张节理和剪节理。

张节理（图2-6）：岩石在拉张应力作用下产生的节理。构造中的纵节理和横节理都属于张节理。

张节理具有以下特征：具有张开的裂口，呈楔形，延伸不深不远，有时为矿脉所填充；节理面参差不齐，粗糙不平，常绕过砾石；节理间距较大，分布稀疏面不均匀，很少密集成带；常平行出现或呈雁行式排列，有时沿着两组呈"X"形的共轭剪节理断

图2-6 张节理

开形成锯齿状张节理，称为追踪张节理。

剪节理（图2-7）：岩石在剪切应力作用下产生的节理。由于岩石抗剪切的能力远远小于它的抗压能力，因此岩石在承受压应力的情况下往往先形成两组互相交叉的剪节理。褶曲构造中的斜向节理多属于剪节理。

剪节理具有以下特征：常具紧闭的裂口，延伸较远、较深；节理面平直而光滑，沿节理面可有轻微位移，有时可见擦痕、镜面等，能切断、错开砾石、结核；常成组、成群密集出现，形成两组交叉节理，故又称为X节理或共轭剪节理。

图2-7　剪节理

（二）德天地区地质构造现状

大新德天瀑布景区在广西大地构造单元的位置，位于华南板块南华活动带右江海槽西大明山凸起的西端，具体构造及其特征如下。

1. 褶皱

信隆北背斜：轴长2.3千米，轴向65°，轴部地层$∈_3s$，翼部地层$D_1l—C_2m$。

灯草岭背斜：轴长7千米，轴向65°，轴部地层$∈_3s$，翼部地层$D_1l-n—D_3r$。

信隆向斜：轴长2.3千米，轴向65°，轴部地层$Db-t$、D_1hj、D_1y、D_1c-n、$∈_3s$。

岜感歌向斜：轴长6千米，轴向130°，轴部地层C_2pn，翼部地层C_1lz-b、D_3l-w、$Db-t$、

D_1hj、D_1y、$\in_3s$。

义宁向斜：轴长2.5米，轴向340°，轴部地层$C_{1-2}d$，翼部地层 C_1yt、D_3r、$Db-t$、D_1hj、D_1y、D_1l-n、$\in_3s$。

岜旦背斜：轴长3.6千米，轴向45°，轴部地层$Db-t$，翼部地层 D_3r、C_1yt、$C_{1-2}d$。

2. 断裂

该区断层发育，初步统计有大小断层5条，区内切割最新地层为 C_2n，切割最老地层为$\in x$，断层以北东向和北西向两组为主，产生的时代主要为印支—燕山期。

下雷-那岸断层：走向320°，县内长32千米平移断层，切割地层 D_3r、C_1y、C_1d、$D_{1-2}b$、D_1hj、$\in_3s$、D_3l-w、C_1z-b，区内长17千米，北起仁惠，经下雷镇港口黑水河景区码头。为测区主干断裂，沿线断裂带，发育多处瀑布、跌水、绝壁、险峰。

德天走向逆断层：测区最有意义的成景断裂，走向35°，区内长7千米，走向逆断层。切割地层$\in_3s$、D_1y、$\in_3s$上升盘，北西盘缺失D_1c+n的沙砾岩。D_1y的泥质灰岩直接与$\in_3s$泥灰岩夹粉砂岩，页岩接触。

义宁逆断层：断层走向30°，测区内长2千米，切割地层D_3r、C_1yt、$C_{1-2}d$。

下雷断层：断层走向25°，测区内长3千米，切割地层$\in_3s$、D_1c-n、D_1y、D_1hj。

3. 节理

德天瀑布地区因褶皱、断裂较多，故节理也很发育。节理是微地貌景观蒂造的基础条件，一般与褶皱轴及断裂走向平行或斜交甚至垂直。该区节理以北东向、北西向两组为主，少数为其他方向。在德天瀑布的后缘浦汤岛，一些小型断层伴随多方向节理，导致枝状河道的形成及小跌水多点开花。在德天瀑布本身，因北西向、北东向两组节理将地层切成豆腐块状，在流水作用下，最终形成阶梯状瀑布。同样，三级瀑布下层内小型喀斯特空间的形成也是在北西向的一条大节理基础上，通过喀斯特作用，逐渐发育而成。沙屯瀑布、念底瀑布也是在北东向和北西向节理共同影响下的结果。

德天瀑布地区地质构造示意图见图2-8。

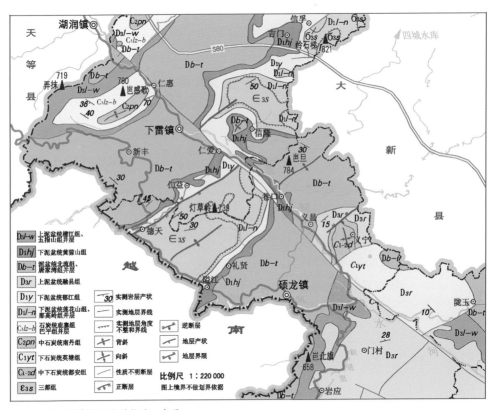

图2-8　德天瀑布地区地质构造示意图

二、地质灾害

安全第一，为了避免人们生命财产的损失，必须对地质灾害有足够的认识。

（一）地质灾害基本知识

1. 地质灾害定义

地质灾害是指不良地质作用引起人类生命财产和生态环境损失的灾害，主要灾种有滑坡、崩塌、泥石流、地面崩塌、地裂缝、地面沉降等。（引自DZ/T 0286—2015《地质灾害危险性评估规范》）

2. 地质灾害的隐患点

地质灾害的隐患点主要包括可能危及人们生命或财产安全的不稳定斜坡、潜在滑坡、潜在崩塌、潜在泥石流和潜在地面塌陷，以及已经发生但目前仍不稳定的滑坡、崩塌、泥石流、地面塌陷等。

3. 地质灾害规模分级

依据发生的体积大小，地质灾害划分为特大型、大型、中型和小型四个等级。不同类型的地质灾害规模分级的体积大小界限不同（表2-1）。

表2-1 地质灾害规模等级划分表

灾种	指标	特大型	大型	中型	小型
崩塌（危岩）	体积（万立方米）	＞100	10～100	1～10	＜1
滑坡	体积（万立方米）	＞1000	100～1000	10～100	＜10
泥石流	体积（万立方米）	＞50	20～50	1～20	＜1
喀斯特塌陷	影响范围（平方千米）	＞20	10～20	1～10	＜1
地裂缝	影响范围（平方千米）	＞10	5～10	1～5	＜1

4. 地质灾害灾情险情分级

根据造成人员伤亡、经济损失的大小，地质灾害灾情险情分为四个等级。

（1）特大型地质灾害险情和灾情（Ⅰ级）

受灾害威胁，需搬迁转移人数在1000人以上或潜在可能造成的经济损失1亿元以上的地质灾害险情为特大型地质灾害险情。因灾死亡30人以上或因灾造成直接经济损失1000万元以上的地质灾害灾情为特大型地质灾害灾情。

（2）大型地质灾害险情和灾情（Ⅱ级）

受灾害威胁，需搬迁转移人数在500人以上、1000人以下，或潜在可能造成的经济损失5000万元以上、1亿元以下的地质灾害险情为大型地质灾害险情。因灾死亡10人以上、30人以下，或因灾造成直接经济损失500万元以上、1000万元以下的地质灾害灾情为大型地质灾害灾情。

（3）中型地质灾害险情和灾情（Ⅲ级）

受灾害威胁，需搬迁转移人数在100人以上、500人以下，或潜在可能造成的经济损失500万元以上、5000万元以下的地质灾害险情为中型地质灾害险情。因灾死亡3人以上、10人以下，或因灾造成直接经济损失100万元以上、500万元以下的地质灾害灾情为中型地质灾害灾情。

（4）小型地质灾害险情和灾情（Ⅳ级）

受灾害威胁，需搬迁转移人数在100人以下，或潜在可能造成的经济损失500万元以下的地质灾害险情为小型地质灾害险情。因灾死亡3人以下，或因灾造成直接经济损失100万元以下的地质灾害灾情为小型地质灾害灾情。

（二）德天瀑布地区地质灾害危险性评估

德天瀑布地区地壳稳定性：从该地区缺失中生代地层看，本区属于稳定的陆块，尽管受新构造运动影响，北西部地区缓慢抬升，但是因为相对幅度小，所以该区从未发生过明显地震和因不良地质作用酿成大的地质灾害。德天瀑布地区及归春河两岸植被发育良好，对山区涵养水分、公路护坡发挥重要作用。另外，德天瀑布景区位于北西—东南走向和缓的谷地中，那里除了植被发育良好外，值得一提的是，当地百姓的生态环境保护意识强，为地质灾害的防护治理提供了保证。

总体上看，德天瀑布地区地质灾害发生可能性较小，景区安全系数较大，但是潜伏地质灾害可能性依然存在，突出表现在瀑布覆盖下的阶梯状石壁，因瀑布位于北东向逆断层带上，北东向、北西向等节理、破劈理特别发育，随着雨季、旱季变化，水动力的强弱风化作用的反复更替，瀑布下的阶梯状石壁上大小不一的石块或巨石，将会不定期发生崩塌，直接威胁瀑布下方（下游）的游船或游泳者的生命安全，故对瀑布下方的水中游客需特别提示，以确保安全。

第三章 德天瀑布地区地貌及地质发展史

地貌是地球的"脸面"，受地壳构造运动和地质作用控制，构造运动可导致岩浆活动，使火山喷发，沧海变桑田，高山变丘陵。小的构造运动可能使地貌发生小的改变，如前几年的台湾地震导致著名景区日月潭的水面造型发生改变，日月两潭几乎连成一片，成了丘陵中一个较大的"水库"，中间仅留下一个小岛。笔者曾亲临实地，震撼之感大不如前。一场较大的地质灾害后，可导致河流改道、形成堰塞湖等微地貌的改变。地貌形态千变万化，一般分两种，一种是按海拔高程分为高山、中山、低山、丘陵、平原；另一种是按岩性和表面形态分，如石灰岩山体的岩溶地貌、红色砂砾岩的丹霞地貌、黄土高原的雅丹地貌等。除了地貌，本章还涉及地质发展史。地质发展史是指地球在特定时间、地壳演变的现状过程及表现。德天瀑布地区地质发展史是指距今 5.43 亿年即寒武纪以来地壳的变化历程。

一、地貌

按海拔分，德天瀑布地区地貌形态处于桂西南中低山、丘陵地区范围内，德天瀑布带状景区处于中越交界的北西向开阔的归春河谷中。该区最高山为灯草岭，海拔739米（为低山），山体由下泥盆统莲花山组红色厚层砂岩构成。其余属碎屑岩、碳酸盐岩构成的丘陵，灰岩石山及河谷地貌。

（一）中低山

　　主要是由上泥盆统厚层状至块状浅灰-灰色灰岩及部分石炭系灰岩构成的喀斯特峰丛地貌。一般海拔500～600米，个别地方是由下泥盆统莲花山组（D_1l）红色厚层至块状砂岩形成石峰明显的丹霞地貌景观，高达739米，面积1.5平方千米。（图3-1）

图3-1　中低山

（二）丘陵

　　海拔250～499米，一般海拔300米左右。其岩性主要是晚寒武统三都（$\in_3 s$）组砂泥质岩夹泥灰岩，下泥盆统莲花山组（D_1l）中上部砂泥质岩夹少量碳酸盐岩，那高岭组（D_1n）页岩夹生物灰岩，郁江组（D_1y）的砂泥岩、泥灰岩，中泥盆统北流组（$D_{1-2}b$），唐家湾组

（D$_2t$）的白云岩、灰岩夹碎岩，还有岩关阶（C$_1y$），碎屑岩夹泥质灰岩，断裂带的砾岩。该部分位于河床主航道，包括裂隙较多的各类岩性，由于风化强度大，形成丘陵或形式多样的微地貌。（图3-2）

图3-2　丘陵

（三）谷地

∈$_{3s}$、D$_1y$构成开阔型谷地，位于中国与越南53号界碑沿归春河南东方向约12千米，河面开阔，河床宽大于300米，两岸多为泥质灰岩及砂泥岩构成的丘陵地貌，沿途跌水较多，植被发育良好。D$_{2-3}$狭窄型峰丛谷地，位于沙屯瀑布河段，黑水河漂流河段，河面宽50米左右，两岸灰岩绝壁十分惊险。（图3-3）

图3-3 谷地

（四）河流地貌

　　提起德天瀑布地区的河流地貌，归春河是典型的代表。"归春"原意是归顺，音转意，又因靖西古称归顺州，故名。如今又添新意，认为归春河如燕子一样飞出又复返，归国即春，草长花开，万木葱茏，一派生机盎然。归春河沿岸山清水秀，风光美丽动人。该河发源于靖西市新靖镇旧州和化峒镇的喀斯特峰丛、峰林地貌区，植被发育良好。如今靖西境内称难滩河，于岳圩镇南西向2.1千米（斗伦隘74号界碑）处流向越南的巴俄、谷美，于德天瀑布北西向2.1千米处返回大新县硕龙镇德天村，遇浦汤岛，水流受阻，由一支主干河变为多支河，最终形成两大瀑布后汇合，滚滚流向南东方向，至硕龙镇以东4.2千米沙屯瀑布处与下雷河汇合后称黑水河，黑水河最终汇入左江，流进珠江水系入南海。归春河全长35千米，因沿线地质环境的差异，导致河床时宽时窄，宽的河床在隘江村附近，雨季水面宽达100多米，河床宽约200米并形成大的跌水瀑布——绿岛行云；窄的河床在沙屯瀑布附近，雨季水面宽约20米，两岸绝壁，河床宽约40米，最窄处旱季水面仅有10多米，夜间两岸居民可越河自由出入，进行商品交易活动。河流时深时浅，流向多变，九曲回肠，流速时缓时急。沿岸空气中负氧离子浓度高，每立方厘米达1万个以上，环境宜人，风光无限好。（图3-4）

图3-4　归春河

（五）河流阶地地貌

该地貌属于新构造运动的产物。新构造运动主要是指中生代以后，喜马拉雅期以地壳抬升为主的运动。河流所在地共分四级，人们站在德天瀑布景区旧大门前沿河岸边向北望去，可见不同级别的阶地景观（图3-5）。一级阶地景观是归春河河漫滩，呈断续展布，宽度小，是游船船工活动场所；二级阶地是砂泥质岩风化土，其上是庄稼

图3-5　河流阶地地貌

地，绿色，阶坡小，阶面平缓；三级阶地主要是泥灰岩夹粉砂质泥质岩
的低丘，该阶地灌木丛生，越南的板约瀑布从丘陵林中倾泻而下，阶坡
陡峻，阶面和缓；四级阶地是远处的厚层灰岩（白云质灰岩），形成雄
伟的喀斯特峰丛地貌，与三级阶地相对高差约百米。

二、地质发展史

　　德天瀑布地区地质发展史是跟随八桂大地的变化而相应变化和发展
的历史。广西地质发展经历了漫长的历史过程，最早可追溯到10多亿年
前的中元古代。由于广西地处华南板块之内，而华南板块又是在扬子、
华夏和印支等三个古克拉通[1]的基础上发展起来的，古克拉通的规模较
小，固结程度偏低，长期控制着本区后期的地质作用，即显示出活动性
较大，多次出现沟、槽更替的特点。多期构造运动和多期次岩浆活动，
造成了德天瀑布地区独具特色的地质发展历程。

1　克拉通是大
陆地壳长期稳定
的构造单元，
是地盾地台的统
称，由W. H. 施
蒂勒于1936年
提出。

（一）中元古代

中元古代、扬子古陆（桂北）与华夏古陆（桂中以南）发生离散作用，形成两古陆之间的洋盆，广西（含德天地区）处于该洋盆之中，桂北（九万大山）则位于扬子古陆块外缘的边缘海。以四堡群为代表的海槽沉积，为一套厚达5700米的复理石建造，以夹有厚达1200米的基性-超基性火山岩和层状岩席为特征。科马提岩年龄值1667百万年，故从中元古代早期开始，地壳已发生裂解，随着地壳活动的加剧，使这一构造活动带发生基性-超基性岩浆喷发与侵入。桂西德天地区剥蚀无沉积。

中元古代末，本区首次发生剧烈的四堡造山运动，洋盆消亡，扬子和华夏两个古陆块发生拼接，形成四堡褶皱带，地壳抬升，海水退出，扬子古陆块增生扩大，伴随该运动有大量酸性岩浆侵入，形成三防和元宝山等岩体，侵入四堡群并被丹洲群沉积覆盖的本洞岩体，同位素年龄1063百万年。桂西属华夏古陆块，没有沉积。

（二）晚元古代—志留纪

晚元古代早期，对接不久的两个陆块发生离散，丹洲时期开始海侵，桂北沉积了厚达5000多米半深海-深海陆源碎屑，复理石夹碳酸盐岩建造，浅变质。龙胜三门及贺州鹰扬关一带夹厚达1000米的中基性火山岩，由具枕状构造的细碧岩、角斑岩及熔凝灰岩等组成。伴随海底火山喷发同时有基性-超基性岩浆顺层侵入，岩体同位素年龄837百万年。此时桂西德天地区无沉积。

震旦纪—早古生代，在前震旦纪深水盆地的基础上继续发展，地壳始终处于强烈的拗陷环境，但经过多次的地壳上升，造成数个地层间的平行不整合接触关系。

早震旦世，桂北以厚达数百米至2000余米的浅海重力流地积为特征，为含砾砂泥质岩夹间冰期的砂岩和白云岩，与丹洲群无明显间断。晚震旦世为一套碳质、硅质、泥质深水盆地沉积，厚度较稳定，为数十米至200米。桂东北的鹰扬关一带，冰水相的含砾砂岩厚度变小，仅为4米。此时海水还未到桂西。

早古生代，基本继承震旦纪的构造背景。桂北、桂西为大陆边缘盆地，其他地区为深水盆地。寒武纪时，桂北为碎屑复理石夹硅、泥炭质及碳酸盐岩沉积，最厚可达3000多米，产海绵类；桂西为碳酸盐岩台地相沉积夹少量砂泥质岩，厚度可达7000多米，以底栖三叶虫类和腕足类生物为主；靖西—西大明山一带为过渡区，水体逐渐加深，泥灰岩、泥质条带灰岩与泥岩区互层，泗城岭一带则以碎屑岩为主，浮游与底栖生物混生，最厚为2000米；桂东—桂东南为一套厚6000多米的陆源碎屑岩夹硅质岩及碳酸盐岩，具明显的复理石及类复理石特征，以含海绵类和薄壳腕足类为主。碎屑由南东往北西变细，物源区在东南部。

奥陶、志留纪，盆地逐渐隆升，水体变浅，海域大为缩小（桂北缺失志留系，桂西含德天地区奥陶系、志留系均未见存在），仍保持深水沉积环境。沉降中心在桂东南。该处奥陶系、志留系发育齐全，碎屑岩复理石类复理石沉积厚达12000余米，化石以笔石为主。

志留纪末的广西运动，海槽封闭，形成加里东褶皱区，与扬子陆块拼接，从而进入统一的华南板块发展新阶段。但在桂东南钦州一带，仍保留有华南盆地的残留部分。随着裂陷的不断活动，直至早二叠世，钦州一带始终保持深水浊积岩盆地的沉积环境。

伴随着广西造山运动，有大量酸性岩浆侵入，形成大小不等的花岗岩体，分布于广西各地，尤以桂东北最为强烈，它们侵入下古生界，并被泥盆系沉积覆盖。岩体同位素年龄在400百万年左右。

广西造山运动所形成的褶皱形态，多为紧密线状或倒转褶皱，以北东向为主，部分为近东西向；桂西台地相区，则较平缓，为北西向或近东西向。

（三）泥盆纪—中三叠世

经广西运动之后，地壳发生了质的变化，由活动型转变为稳定型，但仍具有一定的活动性。自志留纪末褶皱隆起为陆，遭剥蚀夷平，泥盆纪初，地壳逐步下沉，海水自南西向北东侵入，泥盆纪地层逐渐向北东超覆，形成海陆交互相沉积。此后的沉积作用，主要受广西运动形成的基底构造格局及古地貌的控制。

早泥盆世晚期开始，陆壳在拉张机制作用下发生裂陷，沉积相发生了明显的分异，即出现了"台、沟"交错景象，此现象一直延续至早三叠世才告结束。台地上沉积一套浅水碳酸盐岩，厚度可达万米，富含底栖生物（桂西地区），台地边缘往往发育生物礁灰岩及滑塌角砾岩；台沟沉积一套硅泥质岩、基性-酸性火山岩及火山碎屑浊积岩，富含浮游生物，沉积厚度一般较小，最厚为4000米左右（南丹）。在此期间地壳经过多次升降，造成地层间的平行不整合接触关系，同时还造就早石炭世和晚二叠世的两次成煤时期。此期植被茂盛，主要分布在古陆边缘及孤立台地上（桂北）。

钦州地区为加里东期的残余海槽，泥盆纪与志留纪的海相地层连续沉积，至早二叠世，为深水硅泥质沉积，含浮游生物。东吴运动使之关闭，与相邻区联为一体。

桂西地区，早、中三叠世随着地壳裂陷的加剧，导致向活动带转化，台地逐步消失，中三叠世已发展成单一的次深海-深海浊流盆地，中酸性火山岩十分发育，形成一套厚2000余米的浊积岩夹中酸性熔岩和火山碎屑岩，鲍马序列及底冲刷甚发育。随着盆地的逐渐填平，在中三叠世晚期，沉积了泥质岩和碳酸盐岩。

中三叠世末，爆发了印支运动，波及全广西，是一次具有划时代意义的构造运动，完成了海-陆的转化，进入了统一的华南板块，并成为欧亚超级大陆板块的组成部分。沉积盖层褶皱隆起为陆，从此结束了海相沉积，右江海槽封闭，形成印支褶皱带。德天地区褶皱类型在台地区为平缓开阔褶皱；而在台沟区则多为长轴状、紧密线状或倒转褶皱。构造线方向以北东向和北西向为主，南北向和东西向次之。

伴随该构造运动有大量中酸性、酸性岩浆侵入，形成桂东南岩浆岩带及其他各地的小岩体。

华力西-印支期形成较多的矿产，沉积矿产有铁、锰、铝及煤，与岩浆活动有关的矿产主要为有色金属和贵重金属。

（四）中生代、新生代

印支运动后，构造变动曾一度减弱，地壳处于相对松弛时期。从此，广西进入了大陆边缘活动带的陆相盆地发展新阶段。地质构造的形成和发展，受太平洋板块和印支板块联合作用的控制，大部分盆地呈北东向和北西向分布。

晚三叠世早期，地壳普遍抬升，遭受剥蚀夷平，广西缺失早期沉积。诺利克期，十万大山地区最先发生块断沉降运动，形成断陷盆地，初期曾一度与海相通，其后转为陆相湖泊紫红色复陆屑沉积，厚度巨大（近万米）。桂东地区沉降稍晚，约始于晚三叠世晚期，沉陷幅度小，仅数百米。侏罗纪气候炎热而潮湿，植被茂盛，形成良好的成煤环境，火山活动较强，有酸性岩浆喷发。

白垩纪继承侏罗纪时期的构造环境，断陷盆地更为发育，仍以桂东南地区为主；桂北及桂中地区亦有出现，多为小型盆地。沉积类磨拉石和红色复陆屑建造夹火山岩建造，局部为含膏盐建造，厚度各处不等，从数百米到5000多米，除一般的生物群落以外，少数盆地出现以恐龙为特征的生物群落。构造运动频繁，岩浆活动强烈，发育一套以酸性岩浆为主的喷发和侵入，火山活动由南东向往北西向减弱，最厚可达800多米，表明块断运动相当强烈。大新德天一带缺失该类沉积。

新生代，地壳在经历中生代的剧烈变革之后，逐渐处于平静时期，经过一段时期的沉积间断，广西普遍缺失古新统。始新世开始，断陷盆地继续发育，湖泊星罗棋布。在喜马拉雅运动影响之下，地壳从多次升降变为总体抬升，并有基性−超基性岩浆侵入，沿海一带有三次基性火山喷溢。北部湾下沉，从而奠定了广西现代地貌轮廓。

　　近代，广西地区地壳活动主要表现为缓慢上升（北西高、南东低），水流方向也与此一致，岩层遭受侵蚀和剥蚀，局部断裂带上发生多次小地震。

第四章 德天瀑布地区气候、岩性、土壤、生物

　　气候、岩性、土壤、生物是德天瀑布地区自然景观和人文景观形成的重要条件，也是景区多种美景实现相互衬托，使各种景观的品位、档次得以大幅度提升的基础因子。不仅气候的变化为景区提供了不一样的水资源和流动态势，而且春夏秋冬的更替也引起瀑布等水景的变化，让人们更有新鲜感。该区的碳酸盐岩在地质构造的断裂、节理作用下形成大小不一、高低不同、陡缓各异的阶梯、裂隙、溶洞，这些因素叠加在一起为形成各式瀑布、跌水雏形奠定了基础，同时也为地表峰丛地貌、峡谷地貌创造了条件。土壤为各种植物生长提供基质，也为德天瀑布、归春河水色、水景变换发挥重要作用。生物属种在德天地区繁多，特别是绿色植物更显繁茂，为瀑布等景观起到良好的衬托作用，达到锦上添花的效果。

一、气候

　　德天瀑布地区属桂西南气候区，气候特征较独特。

（一）太阳辐射较强、日照较多、热量丰富

　　德天瀑布地区大部分地方太阳辐射量较大。左江河谷、右江河谷及南宁盆地等地区年总辐射量为4254～4823兆焦/米^2，是广西太阳

辐射较强的地方；山区辐射较弱，靖西、大新等海拔较高的地区，年总辐射量少于4300兆焦/米²。辐射量季节分配不均匀，夏季较多，占年总量的31%～33%；冬季较少，仅占年总量的16%～18%。该区日照时数较多，大部分地区年日照1600小时以上，右江河谷、左江河谷中的一些地方超过1900小时，是广西日照最多的地方之一，但靖西、大新、那坡等地年日照不及1600小时。日照最多年，田阳为2410小时（1963年），为广西各地历年高值之一。一年中夏季日照最多，占年总量的29%～34%；冬季最少，仅占15%～19%；春季少于秋季，分别占18%～28%和26%～32%。年日照百分率，右江河谷和左江河谷较大，均在40%以上，靖西、大新等地只有35%。一年中夏、秋两季日照率较大，冬、春两季较小。日均温≥10℃的日数，在广大的河谷、盆地地区持续315～350天，其积温为7000～8000℃，是广西热量最丰富的地区之一；在海拔较高的地区一般持续290～315天，其积温为6000～7000℃，热量条件仍是比较好的。

（二）暖热气候与温凉气候并存

该区广大的河谷、盆地地区的气候与山地的气候截然不同。图4-1为日照下的德天瀑布景象。

左、右江河谷及南宁盆地等广大地区，年平均气温21.0～22.0℃，高温年份为22.0～23.0℃，低温年份为20.5～21.5℃。1月是最冷月，月均温为12.5～14.0℃；日最低气温≤0℃的寒冷天气少见，各地年平均寒冷天数不及1天；极端最低气温多在-2.0℃以上，只有龙州1955年1月12日曾降至-3.0℃，整个冬季还是比较温暖的。7月是最热月，月均温为28.0～28.5℃；日最高气温≥35.0℃的炎热天气，各地均在10天以上，以百色、崇左最多，分别为44.0天和38.9天，龙州、大新、田东也较多，分别为29.6天、29.0天和27.4天，南宁为16.5天。1963年是高温日数偏多年，左江河谷中的崇左、龙州、大新分别为72天、49天和47

图4-1 日照下的德天瀑布

天。极端最高气温均在38.5℃以上，左江河谷、右江河谷及南宁盆地中的多数地方都有≥40.0℃的记录，是广西酷热天气最集中的地区，其中百色的最高气温为42.5℃，是广西的最高纪录，这一地区整个夏季既长又热。六韶山区，年平均气温18.5~20.5℃，高温年份19.5~21.5℃，低温年份均在20.0℃以下；日最高气温≥35.0℃的炎热天气并非每年都有，年平均不及2.5天，那坡、大新平均为0.1天，最多也不超过1天；极端最高气温不超过38.0℃，那坡仅35.5℃，是广西夏季最凉爽的地区之一。1月是最冷月，月均温为11.0~12.0℃，日最低气温≤0℃的寒冷天气不常见，年平均1.0~3.0天；极端最低气温为-4.0~-1.0℃，冬季气候仍然是比较温和的。德天瀑布地区年均气温21.3℃，凉爽宜人。

（三）降水偏少，夏湿冬干

德天瀑布地区年降水量多在1100~1400毫米，只有靖西超过1600毫米；左江河谷、右江河谷是广西著名的少雨地区，也是我国南亚热带降水偏少的地区之一。德天瀑布地区年平均降水量1248.3毫米。

少雨年份，除靖西外该区年降水量均在1000毫米以下，左江河谷中的崇左最少，只有600多毫米；多雨年份绝大部分地区在1600毫米以上，靖西、天等超过2000毫米；多雨年份年降水量为少雨年份年降水量的2倍左右，个别地方近3倍，降水量年际变化甚为明显。一年中，夏季降水多，占年总量的50%~56%；冬雨特别少，仅占年总量的5%~7%；夏湿冬干十分明显，春雨多于秋雨，分别占年总量的20%~25%和17%~20%。年降水日数，左江河谷、右江河谷及南宁盆地等地区在120~160天之间，六韶山区多在160~180天之间。雨日最少年份，各地均在150天以下，田阳为103天（1969年），上思仅100天（1958年）；雨日最多年份，各地多在150天以上，靖西达210天（1959年）。一年中夏季雨日最多，占年总量的32%~38%；冬季雨日最少，仅占年总量的15%~20%；春季多于秋季，分别占年总量的24%~30%和18%~22%，变化较为明显。

（四）特殊天气现象和灾害性天气

暴雨：该区年平均暴雨日数3.5～5.5天。右江河谷较少，六韶山、德天山区较多。暴雨最多年，各地多在8～10天之间。24小时最大降水量多数为170~240毫米。根据水文资料，24小时最大降水量，各地多在200毫米以上，其中百色平塘461.3毫米，田阳那恒251.9毫米，德保多奎200～300毫米，平果梧圩261.8毫米，靖西岳圩421.0毫米，上思那荡493.2毫米，扶绥驮辽237.1毫米，龙州鸭水滩251.0毫米，崇左濑湍256.0毫米，宁明那南264.8毫米，大新德天260.0毫米。

干旱：该区年降水量偏少，且集中在夏季，73%～77%的年降水量集中于5～9月，常有旱灾出现，尤以春旱更为严重，左江河谷、右江河谷是广西的重春旱区，百色、田阳几乎年年春旱；左江河谷也常有秋旱发生，上思、扶绥等地秋旱平均两年一遇。

二、岩性

德天瀑布地区地层从老到新分别是$\in_3 s$、$D_1 l-n$、$D_1 y$、$D_1 hj$、$D_1 b-t$、$D_3 l-w$、$D_3 r$、$C_2-P_1 ln$。总的岩性以碳酸盐岩的白云岩、白云质灰岩、泥质灰岩、泥灰岩为主，其次是碎屑岩的砂泥质岩。

（一）白云岩、白云质灰岩

白云岩、白云质灰岩主要分布于德天瀑布后缘，特别是中越53号界碑一带，灰黑色中厚层状，表面刀砍状构造，岩性受构造运动影响变脆，产状多变。这样的岩性为枝状河流及跌水的形成提供了条件。

（二）中厚层含泥质灰岩

单层厚53厘米左右，灰-浅灰色。主要分布于灯草岭背斜两翼外侧，即$D_{1-2}b-t$、D_3l-w、D_3y。分布面广，岩石一般致密，坚硬，硬度达5左右，地貌上形成喀斯特峰丛，受断裂影响形成峰丛谷地、峡谷、瀑布跌水崖、断层崖。山上植被欠发育，受地下河流水作用，在断层带可形成枝状喀斯特洞穴系统。

（三）中层泥灰岩

主要分布地层是$\in_3s$、D_1n、D_1y。单层厚20～30厘米，深灰色泥灰岩主要分布在D_1n、D_1y，常与砂泥质岩形成夹层或互层状态，岩性相对松软，易风化，不易破碎，在泥灰岩集中地段有时形成一些小型的喀斯特洞穴。一般长20米左右，宽3～5米，高2～3米，一般洞宽阔，植被发育。（图4-2）

图4-2　泥灰岩（×0.4）

（四）红色厚层至块状砂岩

主要分布在D_1n下部，单层厚1米左右，在灯草岭背斜、南东翼呈带状展布，岩性质地坚硬，山脊隆起的矛丹霞地貌明显。代表性巨石是景区大门区的标志石，为镇景区之石，红褐色块状砂岩巨石厚1.3米，长3米，岩厚重如鲸，其上题有"德天大瀑布"五个红色大字。（图4-3）

图4-3　砂岩（×0.3）

图4-4 泥质粉砂岩（×0.3）

（五）泥质粉砂岩、粉砂质泥岩

主要分布于∈$_3s$、D$_1n$、D$_1y$，一般呈土黄色或黄绿色，中层状，单层厚10~25厘米，岩性普遍松软，易风化剥蚀（图4-4）。地貌上普遍表现为低矮山丘或谷地，植被繁茂。

三、土壤

德天地区的土壤属桂西南石山丘陵谷地的棕色石灰土、赤红壤、水稻土，该地区位于广西西南部，左江河谷、右江河谷间的地区，总面积27886平方千米，占广西土地总面积的11.74%，有耕地317.273平方千米（其中水田149.593平方千米），林地783.427平方千米，荒山荒地641.020平方千米。

该地区在地貌上由左江河谷、右江河谷及两河谷之间的喀斯特高原组成。高原的组成岩石主要是石灰岩，其次是砂页岩，部分地区有花岗岩。由石灰岩形成高原面，海拔1000米左右，高原面向东南倾斜。西北部石山峰林密集，多成洼地，以棕色石灰土和棕泥土为主，地表水缺乏，农作物以旱作为主。东南部溶蚀作用较强烈，溶蚀谷地及盆地比较发育，地下水位接近地表，也有河流。低地水田分布广，常有石芽出露，在石山与土山交接地区，谷地宽平，水土条件较好，水田较多。左江谷地、右江谷地由较新的砂页岩和冲积物组成，谷地深度在100米左右，常见的阶地有5~10米、50~70米、

150米等几个等级。喀斯特的发育已进入后期阶段，峰林低矮破碎，溶蚀谷地和盆地都很宽广，有的出露石芽，影响耕作。谷地中以赤红壤和水稻土为主，也有棕色石灰土分布。

该地区主要土壤有赤红壤、棕色石灰土（图4-5）、水稻土等。赤红壤主要分布于谷地两侧的低丘台地和低山，成土母质主要为砂页岩。

图4-5　石灰土（×0.5）

谷地两侧低丘台地的赤红壤，风化淋溶强烈，土体中的铁铝聚积和移动明显，富铝化作用强烈。表层有铁锰结核甚至铁盘，由于土壤被侵蚀而裸露于地表，有机质被强烈分解，呈酸性至强酸性反应，pH值4.5～5.5；土壤代换量低，为高度盐基不饱和的土壤。在低山上，气候比较湿润，多发育为红壤，有机质含量较高。海拔1200米以上有黄壤分布。棕色石灰土分布于石山区，石灰性土在自然植被下其肥力较高；发育在山坡的，淋溶强烈，呈弱酸性反应，分布于坡积物上、槽谷或洼地，每因钙质积累而有石灰反应。石山区的水稻土也常呈碱性反应。河谷地区，发育于河流冲积母质的水稻土和潮沙泥土旱地，土层深厚、沙黏适中，土壤养分、元素含量丰富，地势平坦，水利设施较完善，是水稻和甘蔗的高产区。

四、生物

德天生物属桂西南生物地理区，其范围包括崇左市、南宁市、百色市南部和东南部。

桂西南生物地理区地形复杂多样，原有森林保存较多，又居热带与亚热带的交汇地带，是目前广西植物种类和陆栖脊椎动物种类最丰富的地区。原生植被为常绿季雨林和石灰岩常绿季雨林。由于气候偏湿润，常绿季雨林被破坏后常形成稀树草原或半常绿季雨林，石灰岩常绿季雨林被破坏之后也常形成半常绿季雨林、石灰岩灌丛或灌草丛。

（一）常绿季雨林

在砂页岩地区海拔600米以下的山坡、沟谷，气候湿热，原生植被为热带常绿季雨林。乔木树种有中国无忧花、人面子、见血封喉、肖韶子、橄榄、广西拟肉豆蔻、风吹楠、海南大风子（图4-6）、子京、狭叶坡垒、广西青梅、八宝树、水石梓、鸭脚木、鱼尾葵、桃榔树、大叶山棟及榕属多种等。

图4-6　海南大风子

不少乔木树种有板状根，如人面子、肖韶子、见血封喉及榕属多种都具有0.5~2.5米高的板状根。老茎生花植物也不少，如木奶果、波罗蜜（图4-7）、茎花柿、水冬哥、风吹楠以及榕属多种等。附生植物有巢蕨、多丛硬叶吊兰、长叶石柑，各种苔藓植物，其他蕨类植物及少量兰科植物。藤本植物种类多，如黄藤、白藤、铁带藤、钩枝藤、麒麟尾、刺果藤等。林下还有野芭蕉、海芋等湿生大型草本植物以及蕨类、姜科、天南星科耐荫植物，如千年健等。在海拔600米以上的山坡，出现由红椎、黄杞、银木荷、罗伞树等组成的群落；其上为山地常绿阔叶林分布，如樟科和木兰科树种。

图4-7 波罗蜜

（二）稀树草原

左江谷地气候比较干旱，加上人为活动的影响，不少地方发育成为稀树草原或灌丛草坡类型。灌木一般矮生，多分枝，节间短，多具刺，茎干粗糙，叶小而厚；草本植物叶狭长，甚至卷曲。乔木以木棉为主，常见的灌木有红花柴、扁担杆、水锦树、短翅黄杞、余甘子、番石榴、山芝麻、野牡丹、桃金娘（图4-8）等。草本以龙须草、扭黄茅、须芒草、金茅、菅草、石珍芒、臭根子草、红裂稃草为常见。低丘台地以红花柴、余甘子、扭黄茅组成的群落为主。低台地及阶地上则以臭根子草、扭黄茅、龙须草等组成的群落为主。谷地常见有木棉、千张纸、鸭脚木、海南蒲桃、榕树、苦楝、白茅、菅草、龙须草、扭黄茅等。

图4-8 桃金娘

（三）石灰岩常绿季雨林

桂西南石灰岩常绿季雨林乔木层的主要树种有望天树、蚬木、肥牛树、金丝李、人面子、嘉榄、中国无忧花、海南风吹楠、海南大风子、海南樫木、假肥牛树、红皮大戟、东京桐、光叶合欢、重阳木、顶果树、硬叶樟、肖韶子、广西樏树、厚叶琼楠、山胶木、铁屎木、闭花

木、安南牡荆等，其他伴生的还有割舌树、苹婆、白桂木、胭脂木、倒
吊笔、藤春、南酸枣、海南栲、刺桐、米浓液（条隆胶）、鱼尾葵、桃
榔（图4-9）、华南朴等。

图4-9　桄榔

　　小乔木灌木层主要由山榄叶柿、单穗鱼尾葵、三角车、斜脉暗罗、
黑枪杆、广西野独活、粉苹婆、鳞尾木、越南巴豆、广西紫麻等组成。
其上为山地常绿阔叶林分布，有上子果、白花丹、毛九节、绿竹、蒲竹
等。草本层有海芋、大野芋、山姜、砂仁、沿阶草、狭基巢蕨、三叉
蕨、盾蕨、线蕨、肿足蕨、车前蕨、半夏、石生铁角蕨等。藤本植物种
类丰富，常见的有崖爬藤、买麻藤、天香藤、翅子藤、麒麟尾、马兜
铃、鹰爪等。这类植物被砍伐后，生境条件变干，常出现由翅子树、华
南朴、翅荚木、圆叶乌桕等组成的次生雨林。在有灰岩夹砂页岩的地
方，上层林木除望天树（图4-10）、海南风吹楠以外，尚有方榄、毛

图4-10 望天树

麻楝、水石梓等，林下常见单穗鱼尾葵、棒柄花等。草本普遍为瘤果豆蔻、柊叶等。

（四）半常绿季雨林

群落外貌郁闭浓绿，组成林木的种类多为树干挺直、树皮光滑呈灰色、树冠伞形而冠层厚、有大型羽状复叶的种类。结构较复杂，优势种不突出。乔木层可分两层，主要树种有中国无忧花、红果樫木、梭子果、桄榔、大花第伦桃（大花五桠果）、大叶山楝、肉实树、毛麻楝、杜英、壳菜果、胭脂木、鸭脚木、大叶藤黄、海南蒲桃、粉苹婆、羽叶楸、黄杞、黄毛榕、鱼尾葵、短萼仪花、小果香椿、八宝树等。乔木层中有少量的落叶种类或比较明显的换叶期，板根和茎花现象也显著。灌木层以梭子果为最常见，其次为棕榈科植物，如广西棕竹等；其他还有棒柄花、三叉苦、露兜树等。草本层的种类以野芭蕉为显著，个体数也多。此外，常见的有海芋、五膈草、苔草、楼梯草、华山姜以及一些大型蕨类植物。林内藤本植物较多，常见的有买麻藤、瓜馥木、刺果藤、假鹰爪、麒麟尾、狮子尾、榼藤子、马攀藤、鸡血藤（图4-11）、省藤、黄藤等。砍伐后出现的次生林主要由红荷木、枫香、黄杞、中平树等组成。

图4-11　鸡血藤

（五）石灰岩灌丛

　　在上述石灰岩森林被进一步砍伐的情况下，会逐渐演变成含较多藤刺植物的灌丛，其中常见树种有假鹰爪、灰毛浆果楝、红背山麻杆、斜叶澄广花、潺槁楼子、番石榴、斜叶榕、粉苹婆、木棉、米浓液、剑叶龙血树、圆叶乌桕、海红豆、翅子树、山石榴、短萼仪花、鱼尾葵（图4-12）、桄榔、雀梅藤、白叶瓜馥木、首冠藤、石岩枫老虎刺、蛇藤、云实、假老虎簕、花椒簕、瘤皮孔酸藤子、光清香藤、白萼茉莉等。草本层以芨草为多，其他常见的有渐尖毛蕨、广西紫麻、肾蕨、鞭叶铁线蕨、蜈蚣蕨、海芋等。

图4-12　鱼尾葵

（六）石灰岩灌草丛

在桂西南石灰岩或砂页岩夹石灰岩地区，由于人类烧垦或过度放牧，形成以草本植物为主，夹有少量灌丛的灌草丛植被。草层高约70厘米，覆盖率70%~80%，经常以龙须草、扭黄茅占优势。伴生的种类有黄背草、华须芒草、石芒草、细柄草、硬秆子草、纤毛鸭嘴草、水蔗草、芸香草、小菅草等。散生的灌木主要有黄荆（图4-13）、红背山麻杆、番石榴、余甘子、毛叶黄杞等。

图4-13　黄荆

（七）陆栖脊椎动物

桂西南生物地理区是广西陆栖脊椎动物种类最丰富的地区，尤以灵长类最为突出，广西已知产出的9种灵长类动物中，桂西南就占了8种，包括树鼩、蜂猴（懒猴）、猕猴（图4-14）、熊猴、红面猴、黑叶猴、白头叶猴、黑长臂猿等。

图4-14　猕猴

鳞甲目的穿山甲也常见。啮齿类也较多，如赤腹松鼠、长吻松鼠、隐纹花松鼠、巨松鼠、银星竹鼠、中华竹鼠、猪尾鼠、大林姬鼠、小林姬鼠、白腹鼠、白腹巨鼠，会滑翔的毛耳飞鼠、红白鼯鼠、棕鼯鼠、云南鼯鼠、橙足鼯鼠等，以及比白腹巨鼠还大、体长达30厘米左右、体重500~800克的板齿鼠。板齿鼠生活在潮湿的池沼、河沟边缘，居住于多通道的地穴中，地穴可长4~7米；善游泳，可以潜游10多分钟。其他还有活跃于山地的丛林鼠和社鼠，活动于居民点的小家鼠、褐家鼠、黄胸鼠等。桂西南区的鸟类种类丰富，且多热带性种类，如棕胸山鹧鸪、原鸡、绿背金鸠、红翅绿鸠、厚嘴绿鸠、斑尾鹃鸠、绯胸鹦鹉、夜蜂虎、冠斑犀鸟、棕啄木鸟、长尾阔嘴鸟、蓝背八色鸫、黑冠黄鹎、红耳鹎、橙腹叶鹎、白喉冠鹎、小盘尾、鹩哥、灰蓝鹊、黑喉噪鹛、冕雀、朱背啄花鸟、叉尾太阳鸟、纹背捕蛛鸟等。鸮类（猫头鹰类）也比较多，如草鸮、栗鸮、领角鸮、雕鸮、斑头鸺鹠、灰林鸮等。啄木鸟（图4-15）也有10多种，其中能传播花粉的啄花鸟和太阳鸟各有3种。其他还有树鸭、中华秋沙鸭、白鹇、斑鸠、翠鸟、三宝鸟、银胸丝冠鸟、鹟科（多种）、椋鸟（几种），棕背伯劳、栗色黄鹂、八哥、乌鸫、画眉、火尾缝叶莺、棕肩尾莺、绣眼鸟、金翅、白腰文鸟、斑文鸟、凤头鸡等近300种鸟类。爬行纲动物以龟鳖目和蛇目比较多。

图4-15　啄木鸟

　　龟鳖目除常见的大头平胸龟（鹰嘴龟）、大头乌龟、乌龟（图4-16）、鼋、山瑞鳖、鳖、地龟、花龟、眼斑水龟外，还有四眼斑水龟、黄喉水龟、黄缘闭壳龟、海南闭壳龟、云南闭壳龟、锯缘摄龟、缘摄龟等热带性种类。蜥蜴目种类不算很多，但很有特色，桂西南是广西唯一还留存有巨蜥的地区。

　　蛇目也很丰富。蟒蛇在这里无须冬眠，长得比较

图4-16　乌龟

粗大。著名的三蛇——眼镜蛇、金环蛇（图4-17）、灰鼠蛇在这里有产出。其他蛇类还有盲蛇、过树蛇、黄链蛇、玉斑锦蛇、百花锦蛇、三索锦蛇、双全白环蛇、游蛇（多种）、小头蛇、后棱蛇、滑鼠蛇、繁花林蛇、黑头林蛇、绿瘦蛇、紫沙蛇、铅色水蛇、银环蛇、眼镜王蛇、白唇竹叶青、竹叶青、烙铁头等。

两栖纲有尾目有细痣疣螈、广西瘰螈等。无尾目则以锄足蟾科、蛙科、树蛙科和姬蛙科较多。锄足蟾科有凹顶角蟾、消肩角蟾、小口拟角蟾、螯掌突蟾等。蟾蜍科只有大蟾蜍和黑眶蟾蜍。雨蛙科也只有华西雨蛙和华南雨蛙比较多，如棘腹蛙、沼蛙、泽蛙、大头蛙、虎纹蛙（图4-18）、华南湍蛙、长吻湍蛙等。树蛙科有锯腿树蛙、斑腿树蛙、黑蹼树蛙、红吸盘小树蛙等。姬蛙科有粗皮姬蛙、小孤斑姬蛙、锦纹姬蛙、花姬蛙、花细狭口蛙花、狭口蛙等种类。

图4-17 金环蛇

图4-18 虎纹蛙

第五章　德天瀑布景区的核心区

　　左江支流归春河水从北一路流至硕龙，被巍然耸立于河中的浦汤岛阻断，原本柔美的河水迸发出惊人的力量，霎时间水花四溅，雾气蒸腾，好似白练坠地，形成了惊心动魄的德天瀑布美景。枯水季节，瀑布被浦汤岛自然分为两部分，中国境内的主体部分称为德天瀑布，越南境内部分称为板约瀑布；雨水丰沛季节，水面上涨，德天瀑布便与板约瀑布连成一体，飞泻而下，气势磅礴，蔚为壮观。德天景区山峰奇巧，湖若明镜，江如玉带，翠山碧水，大自然的鬼斧神工俱汇于此，使此地形成了绵长的天然"山水画廊"。德天瀑布核心景区是指原大门景区段至53号界碑长2~3千米的范围，包括大门景段、德天瀑布景段、53号界碑景段、观光大道景段等。

一、大门景段

（一）新大门新景象

　　德天瀑布景区新大门位于原大门左侧，相距约80米，如今原大门已改为出口大门。笔者曾于2017年10月实地考察，新的德天瀑布入口区建筑群基本落成，建筑美观大器，风格奇特，为景区增添一处新亮点。建筑群包括入口大门和服务设施（售票处、餐饮店、商店、书店等），入口大门为仿古牌楼式，三层结构，古色古香。门内门外地势开阔，视域内景色尤佳，是游客拍照留念的好地方。（图5-1、图5-2）

图5-1　景区新大门（入口大门）

图5-2　入口大门前建筑群

　　另外，在园区出口处新建有古色古香的出口大门，门外是繁华的商业街，餐饮购物应有尽有，一派兴旺景象（图5-3、图5-4）。

图5-3　出口大门

图5-4　景区商业街

（二）"围堰"大跌水

　　游客从新大门下坡，首先映入眼帘的是归春河上的"围堰"大跌水。河床宽约200米，堰长约60米，又像一个大的河心滩，近中国一侧有一大缺口，河水从滩面流过，跌水落差约2.5米，其上游水为绿色，下跌后为白色，奔向下游，又由白色逐渐转为绿色。此景成因与河床基底岩性关系密切，垂直于归春河、跌水上层的泥灰岩相对于跌水下部砂泥质岩，岩性较为松软，有利于小陡坎的形成，为跌水形成创造有利条件。近中国一侧因受顺水流方向断层影响，又处于断层破碎带，松软岩石被河水带走，坚硬的厚层砂岩还残留耸立于河中，形成一个缓坡，白浪翻滚，景色壮观。冬季河水流量小，围堰上下河水相对平静，呈墨绿色。（图5-5、图5-6）

图5-5　秋季"围堰"大跌水

图5-6　冬季"围堰"大跌水

（三）漂游竹排码头

　　漂游竹排码头位于德天瀑布右前方约100米处，河边便道近岸一侧，常有数十只竹排等待出行（图5-7）。

图5-7　等待出行的竹排

　　游客可借导览图（图5-8）识景，对照示意标牌，全方位领略德天瀑布美景，不仅可以拓展知识面和视野，还能深化对自然地理、人文景观的认识。站立在竹排上，德天瀑布脚下数百米河面开阔，特别是在两个瀑布下游河流交汇处，水面宽达500米，两个瀑布之间下方河中有舌状、长卵状河心滩，其上植被发育较好，逐渐变为荒滩，常为船工休息场所。河心滩两侧河面常有多只漂流的竹排，游客们穿着橘红色救生服坐在竹排上随着绿色水流缓缓移动，尽情欣赏瀑布美景，这又成为水中一景（图5-9）。

图5-8　精美实用的德天瀑布导览图（牌）

图5-9　水中游览

二、德天瀑布景段

（一）德天瀑布

德天瀑布（图5-10至图5-14）是归春河迂回35千米后又复入我国大新县硕龙镇德天村，遇断层崖倾泻而下形成的瀑布。瀑布横跨中越两国，夏季宽约208米、落差70米、纵深60米，年均流量50米³/秒，终年有水。瀑布四周古树参天，花草掩映。瀑布由多道高低不齐、大小不一的湍流穿过丛林直落而下，宏观呈三级跌落。第一级瀑布由湍流穿过丛林直落天池，连成高约30米、宽约75米的半圆形水幕；天池面积约2000平方米，深约7米，水质清澈，水雾迷蒙，从天池左侧处冲下多道水帘，形成落差约23米的第二级瀑布；再由几道较大的急流相互参差，一同

图5-10　春季的德天瀑布

图5-11　夏季的德天瀑布

注入龙潭，构成高约12米、宽约120米的第三级瀑布。第三级瀑布水帘崖下，有多个水帘洞，其中最突出的一个，宽约3米、高约4米、深约20米，洞道崎岖，石笋、石柱遍布，只有冬末春初水量最小时才能乘竹排在洞口隔帘观赏洞内景色，或爬入洞内参观，但平日为了旅客安全，景区禁止任何人入洞内参观。

在洞口观瀑，别有情趣。洞外有深潭，潭中有龙潭洞，过水入洞，又是一番景象。

面向德天瀑布，其左侧另有一道规模较小的瀑布，完全在越南境内，名为"板约瀑布"。德天瀑布是亚洲最大的跨国瀑布，也是世界第四大跨国瀑布。位居世界前三位的跨国瀑布分别是：南美洲巴西与阿根廷交界处的伊瓜苏瀑布，宽约2700米，高64~82米；非洲赞比亚与津巴布韦交界处的维多利亚瀑布，宽约1708米，高约108米；北美洲美国与加拿大交界处的尼亚加拉瀑布，宽约1203米，高约51米。这三处瀑布被称为世界三大瀑布。

德天瀑布地处峰林谷地河道上，游人可以走进瀑布，通过所有感觉器官来感受瀑布，观其形、听其声、呼吸含高浓度负氧离子的空气，用身体感受迷蒙的水雾，享受大自然赐予的清新和滋润。瀑布景区景色随季节变化而不同。春季，两岸木棉红似火，点缀其间，绿色梯田，相映生辉；夏季，河水溢涨，急流排山倒海奔腾而下，响声如雷，水雾遮天；秋季，碧水清流，梯田铺金，水雾夹着阵阵稻香扑面而来，令人陶醉；冬季，瀑布纤秀，多束水流悠然飞落。瀑布顶上有浦汤岛，面积约1公顷。岛上绿树成荫，河水从岛的两侧潺潺流淌而落下断崖。岛右侧约50米，有国界碑"53号界碑"，上用中越两国文字镌刻"中国广西界"，因岁月的侵蚀，碑已有破损，但更显其沧桑。瀑布右侧为炮台山，海拔754米，因清代苏元春将军带领士兵在山顶上修建靖边炮台而得名，炮台仍完好无损。登上山顶，可俯瞰越南境内美丽的田园风光，在国界碑处可购买越南土特产和旅游纪念品。山的东面有原始森林，林木茂密，古木参天蔽日，高大的蚬木、铁木随处可见。站在瀑布下游的

图5-12 秋季的德天瀑布

归春界河边观赏，那边是颇具特色的异国风光，这边是别具一格的边民小楼或壮族特色干栏式建筑，此番融洽的景象，怎能不叫人陶醉？德天瀑布景区还盛产没六鱼、青竹鱼、蛤蚧、苦丁茶、龙眼、八角等特产。

德天瀑布景区于1990年开始正式开发建设，1993年正式开放接待各方游客。2000年，广西大新县人民政府与广东花都县绿业发展有限公司签订合作开发协议，从此景区进入大规模开发建设阶段。景区先后投入5000多万元建设一批旅游基础设施，改善了交通和通信条件，开拓了境内外客源市场，提高了旅游服务质量。

进入21世纪后，广西壮族自治区把德天瀑布景区作为广西旅游的一张名片来打造，不断加大投入，努力打造"亚洲第一大跨国瀑布"旅游品牌形象，以瀑布观光、跨国边境旅游为主题，加强对瀑布周围旅游资源和生态的保护及村庄环境的综合整治；与越南合作共建旅游信息平台和中越跨国旅游区，开发以边关文化为主题的旅游产品；建设中越界河、界碑和边关风情旅游带；营造投资软环境，改善硬件设施条件，加快以硕龙镇为中心的旅游服务接待基地建设进程；加强以神秘的边关风情和神奇的跨国瀑布为特色的旅游宣传，大力拓展国内发达地区和境外

图5-13　德天瀑布

的旅游客源。为了有效开展宣传促销，2006年德天瀑布景区发起并联合崇左大新明仕田园风景区、百色靖西通灵大峡谷风景区、南宁武鸣伊岭岩风景区、南宁隆安龙虎山风景区组成广西德天旅游联盟，联合开展宣传促销。德天旅游联盟成立以来，首创了广西旅游"统一品牌、统一形象、整合推广、整合营销"的经营新模式，建立了稳定的营销队伍，采取"走出去、请进来"的方式，积极开辟客源市场。德天瀑布风景区接待的游客在1999年约2万人次，2000年约8万人次，2008年快速增长，接待游客人数突破40万人次，2009年接待游客人数近50万人次。景区的日接待能力由1993年的1500人上升至2009年的8000人（高峰期达10000人）。景区的游客主要来自中国各地（含台湾、香港、澳门地区）以及新加坡、泰国、马来西亚、印度尼西亚、日本、美国、英国、澳大利亚、越南等国家，国内游客占绝大多数，其中又以粤、港、澳、台、闽游客为主。由于接待的国内外游客快速增长，景区的旅游经济效益越来

图5-14　冬末春初的德天瀑布

越好。2009年，德天瀑布景区仅门票收入就达到3500万元。与此同时，景区的发展带动了周边的农民参与旅游经营，他们纷纷开办旅游购物、旅游餐饮、旅游住宿等服务，并购买电瓶观光车用于经营接送游客，抓住商机，大大增加了旅游收入。不少农民通过参与旅游经营实现了脱贫致富。历年来景区收入也为大新县财政做出了重大贡献。

图5-15　跌水小景

（二）跌水小景

沿归春河边石阶小道南行，小道左侧小路上可见迷人的跌水小景（图5-15）。其上部瀑布宽80厘米，落差2.3米，右侧还形成高1.5米、宽80厘米、深1米左右，由泥灰岩和苔藓、藤蔓共同组合构建的水帘洞。水帘洞神奇美丽。下部受基石阻隔，瀑布呈帚状，逐渐扩大向下流去。小景深受广大游客喜爱，常有人驻足留影。

（三）侧面近观德天瀑布壮观景象

绿树配白色瀑布，空中水雾迷蒙，一群游人站在观光台上，观赏美景，谈笑风生。三大股、两小股激流汇成十多米一级瀑布，发出巨大响声，雾气拂面，景色迷人，一幅动静结合的美景令人震撼。细看瀑布上方基岩及瀑布顶部形态，基岩因长期流水冲刷，层理已不清晰，表面青苔呈墨绿色至褐色。由于岩层含泥质较高，易风化，数股大小瀑布主要受北西的节理控制。（图5-16）

图5-16　德天瀑布侧面

（四）浦汤岛瀑布

　　浦汤岛瀑布位于德天瀑布右侧，上坡台阶左侧。碧绿如玉的水面，位于画面左上角，因绿树遮挡，视域所限，画面如绿宝石镶嵌，呈现衬托之美。阶梯状瀑布，分布于画面右上方，瀑布落差8~10米，白色，呈阶梯状，深浅相间隔档式缓坡，同时也是面状瀑布，水域景观的一半范围，气势磅礴，膜状、帘状瀑布位于视域中部，因基岩在此抬升，透过薄薄的瀑布水层，可见明显的枝状基岩。整个视域，空中烟雾缭绕，声震山谷（图5-17、图5-18）。

图5-17　浦汤岛瀑布（1）

图5-18　浦汤岛瀑布（2）

（五）高空俯瞰

　　平缓、开阔的绿色谷地中，远处是蓝天白云，而在上空俯瞰，其下是下泥盆统厚层灰岩造就的喀斯特峰林、峰丛。断层带之上，谷地上部是灌木丛和草地。断层崖左边为越南的板约瀑布群，计六股水流，直达其下深潭；德天瀑布群计六股水流直达其下深潭；瀑布群细分有二十五股水流，直达归春河水面。水面之上河流四级阶地地貌显现水面上，十多只小船和竹排，在碧玉般的水面漂游观光。河中多个小心滩长满了杂草，一派生机盎然。高空俯瞰归春河两岸、高空俯瞰德天瀑布前后沿途景观分别见图5-19、图5-20。

图5-19   高空俯瞰归春河两岸

图5-20   高空俯瞰德天瀑布前后沿途景观

（六）浦汤岛

浦汤岛（图5-21）实际是枝状河流分布带，面积不足1平方千米，表面受岩层产状影响，明显向下游倾斜，其上高低不平，古树、灌木丛生，至德天瀑布处遇断层崖，形成落差70米、宽约200米的德天跨国瀑布。人们站在边贸市场的围栏由北西向南东望去，碧绿的河水沿宽阔河面向南东流，近德天瀑布上缘，河水受树木和岩石阻挡分叉呈枝状，奔腾向前，白浪翻滚，3~5米落差的跌水随处可见。

图5-21　浦汤岛

（七）环状跌水捧石

归春河支流在浦汤岛上沿节理型沟槽，越过丛林奔腾向前，势不可挡，流至一块长3米、宽2米的椭圆形石灰岩巨石，受阻形成右侧落差1.5米、左侧落差50厘米左右的跌水，白浪翻滚，响声轰鸣。从观景台上望去，巨石镶嵌在绿色水面之上，景色如画，奇特迷人，令人沉思和遐想。（图5-22）

图5-22　环状跌水捧石

（八）花式水景

　　沿石阶下行，当河水流至德天瀑布前沿地带，因受基底岩石凹凸不平及植被影响，呈现多种花式水景。碧绿河面、阶梯状瀑布、隔档式深浅相间瀑布、跌水瀑、幕帘面状水景比比皆是，游人站立水边充满凉意，快乐感、幸福感油然而生。（图5-23）

图5-23　花式水景

（九）德天寺

沿浦汤岛旅游台阶上行，在左侧树丛中有一处小寺庙——德天寺（图5-24），占地近100平方米，供奉观音佛像，香火旺盛。门前有一副对联"一香一心一愿一求，多善多德多拜多应"。寺庙不大，但显得奇特典雅迷人。

图5-24　德天寺

三、53号界碑景段

一般情况下，国界碑是表示两国之间边界位置和走向的标志物。国界碑两面或多面镌刻或书写相邻的国名及界碑编号，根据有关边界文件及坐标直立于分界线上的特定地方，碑号按自然数从"1"开始按顺序排列。立于陆地的为单立基本界碑，如1、835；立于界河边的为双立基本界碑，如中方为844（1），越方为844（2）。此外，有时在两块基本界碑间还有辅助界碑，如53/2、944/1（2）。

　　立界碑需严格遵循一定的规则。有的地方立一块界碑就能表明边界走向，叫单立界碑；有的地方地形复杂，如山坡、峡谷、河流等地立碑后，还需立一块附碑来表明边界走向。为了确定河流主航道中心线，需在河两岸各立一块界碑，这叫同号双立。中国的界碑分三种，在交通要道、口岸边境等人员往来频繁的地方立大型界碑，碑身高1.6米，基座高40厘米，碑身正面镶有直径30厘米的金属国徽。中型界碑立在边界比较普通的地方，碑身高1.2米，基座高40厘米，碑身正面布局与大型界碑相同，但无国徽。小型界碑立在人迹罕至的地方，碑身高1米，基座高20厘米。越南的界碑也分大、中、小三种，尺寸与中国界碑相当，但中国的界碑由一块完整的花岗石雕成，越南的界碑则是空心的。

（一）中越53号界碑

　　中越53号界碑（简称53号界碑）位于德天瀑布北西方向，沿景区的绿荫大道约400米的平台浦汤岛一侧，可见由清朝政府设立的53号界碑（图5-25）。53号界碑在历史上的正式名称为"中法安南第五十三号界碑"。界碑为暗灰色厚层泥晶灰岩，高不足2米，碑面凹凸不平，破损严重，两侧各缺一块。破损原因是战争遗痕还是有人有意破坏，至今不得其解。碑面正书"中国广西界"，碑身下面，附有法文。

　　这块界碑是云贵总督岑毓英奉清政府之命，根据《中法天津条约》，历经近三年勘界并于1896年所立。在此前的1884年，越南和法国签订《第二次顺化条约》，其中否定了中国对越南的宗主权，改由法国全

图5-25　53号界碑

权管理越南，这个条约是没有中国参加、单方面签署的"准主权"条约。自秦至五代，越南是中国封建王朝的郡县。北宋初越南独立建国后，直至1885年完全沦为法国的殖民地之前，越南一直是中国的藩属国。53号界碑的竖立，是清朝政府对越、法两国这种"准主权"的升级与认定。从此，中国让出了对越南的宗主权。53号界碑的设立，透出了清朝政府的腐败与国势的衰落。

（二）835号新界碑

中越两国勘界从2001年开始，到2008年完成，在中越边界立碑近2000块。835号界碑是中国所立的中型单立界碑（图5-26），位于53号界碑旁约3米处，距离德天瀑布50米，也就是在这里，浦汤岛将归春河分开，向下流去形成了中国的德天瀑布和越南的板约瀑布。在835界碑左侧还有一块835/1界碑，此处是边贸市场，人多，属敏感地带，据笔者推测，此碑应属加密碑。

界碑旁边断续出露的浅灰色厚层状泥质灰岩及灰黑色厚层状白云质灰岩、白云岩，顺其走向直接延伸至越南境内（Db-t）。可以说岩性也无边界，不光中国、越南边界如此，在世界上大多数国家均存在，这给边界赋予了新的内涵，成为连接两国的友谊之石。

（三）跨国集市

在835号界碑的越南一侧，中越两国边境居民自发形成了一个小型的跨国集市，总面积约4000平方米，彩色帐篷组成的摊位一个紧挨一个（图5-27、图5-28）。

图5-26　835号界碑背面

图5-27　跨国集市

图5-28　跨国集市一瞥

越南人经营的摊位主要销售越南生产的咖啡、香烟、香水和拖鞋，中国人经营的摊位主要销售檀木、红木雕刻的佛像、佛珠，铜雕花瓶，玛瑙手链等工艺品。游客在边界两侧自由穿梭，纷纷在两国界碑前摄影留念。游客到越南摊位闲逛时，可能会遇到一位十三四岁的小姑娘用标准的普通话向游客兜售香烟。问她是哪国人，她说是越南人。熙熙攘攘的人群中，不难发现几乎所有的越南摊贩都会讲普通话，他们的长相、衣着与中国的摊贩并没有多大差别。在这个边贸小集市上，每月都有一次自发性的互市贸易。中国边民买越南的绿茶、干果、糖、家禽等农副产品，越南边民买中国的电风扇、电磁炉、电饭煲等小家电。平时，这个集市主要向游客出售纪念品。在交易过程中，越南人不收越南盾，只收人民币，这是因为受全球金融危机的影响，越南货币贬值很厉害。有些中国游客兑换一点越南纸币，是留作旅游纪念的。在跨越界碑的瞬间，同一时间脚踏两个国度，常常会让人们产生一种奇妙的感觉。

（四）德天瀑布背后景观

归春河流近浦汤岛时由一支主干流变成枝状河流，受河底地貌影响形成多个跌水，白色浪花显现。到了浦汤岛左侧两支流又合并成一支，近板约瀑布受基底和植被阻隔，形成多股水流，直冲深潭形成板约瀑布；右侧河面较左侧宽，少有跌水，越过丛林、陡坎则形成多级的德天瀑布。归春河的上游由近到远，有河床谷地，两岸峰林、峰丛、田畔、村寨，它们相互搭配在一起，景色如画（图5-29）。

（五）凭栏观望

游客来到中越边界线53号界碑附近的越方栏杆处，从高到低，从远到近，从北西到南东沿河观望，呈现的是另一种景象。近处宽阔的水面，碧水滚滚向前，空气特别清新；远处有石灰岩构成峰丛石山，下有绿树翠竹，岩礁掩映，越南一侧山上庙宇雄伟壮观，炊烟缭绕，景观奇特，美不胜收（图5-30）。

图5-29　德天瀑布后沿枝状河流及峰林丛景观

图5-30　平地观望德天瀑布背后河面景观

（六）古炮台遗址

古炮台遗址位于北东侧泥盆系灰岩构成的石山顶，即图5-31中土黄色灰岩三角面正上方。炮台建于清末，用于抵御外来侵略者，其地理位置是一处十分险要的军事要地。1949年广西全境解放后，大炮已被移走，如今仅留下圆形炮台，但因年久失修，遗址周围已出现多处垮缺，上山之路荒芜难行。游客登台，可将南西方向的山水、田园、村寨一览无余。

古炮台

图5-31　古炮台遗址

（七）中越界线带

中越界线带为喀斯特峰林（丛）谷地（图5-32），左侧白云岩、白云质灰岩受断裂作用影响，形成众多同方向小断层、大小不一的节理，岩性破碎，而且有的产状陡直倾向200°，倾角80°（53号界碑右侧），这些地质结构为归春河枝状河道众多小跌水的形成创造了有利条件（图5-33）。

图5-32　中越界线带谷地

图5-33　中越界线带白云质灰岩产状近于直立

四、观光大道景段

（一）友谊石（纪念石）

友谊石位于德天瀑布右上方，在景区出口大门通向53号界碑、跨国集市的景区公路（友谊路）2/3距离左侧，即浦汤岛左侧上方。友谊石高1.75米，宽1.40米，上端尖，整体呈长五边形，石体为灰黑色厚层致密泥晶灰岩，正面刻有红色的"友谊石"三个字。该石由大新县人民政府与越南有关方面于2015年12月立下（图5-34）。友谊石是中越传统友谊的象征。中国和越南山水相连，中越两国人民在争取国家独立和民

图5-34　友谊石

族解放斗争中并肩战斗，在社会主义革命和建设事业中相互支持、相互帮助，结下了深厚的友谊。中越传统友谊是由两国老一辈领导人亲手缔造的，是两党、两国和两国人民的宝贵财富。进入21世纪，中越关系提升至全面战略合作伙伴关系。中越互利合作，特别是在共同推进"一带一路"倡议上，给两国人民带来实实在在的利益，促进了地区和平、发展、繁荣。

（二）德天瀑布标志石

德天瀑布标志石位于德天瀑布景区原入口大门内侧，即现出口大门内侧，河岸的观景台旁。该标志石长2.3米，厚1米左右，楔形（图5-35），由大新县有关部门于2015年放置。巨石由泥盆统莲花

图5-35　德天瀑布标志石

山组暗红色块状砂岩构成，属风化大滚石，人工放置。该巨石质地坚硬，且轻微变质，表面近光滑。主要成分为石英，其次为长石以及岩屑、铁质、泥质。

游客站在观光台，近可见德天瀑布标志石和门前商铺，景区观光小车川流不息；远看则有归春河对岸的喀斯特峰丛、丘陵、谷地、板约瀑布等美景。游客在此欣赏远近不同的美景，会感到心情舒畅，有一种满满的幸福感。

标志石旁边立有一块木制标志牌，上有1988年国务院审定的"国家风景名胜区"字样及2007年8月中华人民共和国建设部设立的"德天景区"字样（图5-36）。这是景区资质的证明，是品牌、荣誉的体现。

图5-36 景区资质牌

第六章　德天瀑布景区的外景区及外围区

人们常说，不同事物之间总有区别，有比较才有鉴别。与国内、区内普通瀑布比较，德天瀑布更显示其俊俏之美。"红花虽好，当须绿叶扶持。"作为"红花"的德天瀑布，除了其本身的结构、造型、色彩美之外，得到外界"绿叶"的衬托，才显得更美。在外景区和外围区独特的山、水、洞、石及人文景观巧妙的衬托下，德天瀑布本身的美得以升华，核心区的美显得更加独特而震撼，同时，外景区、外围区愈发优雅神奇，真可谓相得益彰。德天瀑布景区的外景区及外围区是指除了核心区以外的景区。其中，外景区包括中国德天瀑布景区游客集散中心、硕龙古炮台（靖边炮台）遗址、绿岛行云、沙屯瀑布、念底瀑布；外围区包括黑水河景区、龙宫仙境景区、明仕田园景区等。

一、德天瀑布景区的外景区

（一）中国德天瀑布景区游客集散中心

中国德天瀑布景区游客集散中心位于德天瀑布外围3～4千米一个相对开阔的谷地中，游客中心大楼于2016年落成，初步开放启用，但外梯及楼上部分设施仍在装修之中。大楼美观大气，一楼以售票、休息为主；二楼以办公、商场、餐饮为主。从外梯一上来，有落差8米、宽6

米左右的仿真人造瀑布，壮观迷人。大楼前面的停车场可容纳车辆在百辆以上，右侧隔着公路为一排职工宿舍生活区。整个游客集散中心区视野开阔，空气清新，是游客休闲的好地方。（图6-1、图6-2）

图6-1　游客集散中心

（二）硕龙古炮台（靖也炮台）遗址

硕龙古炮台遗址位于硕龙镇北西3500米下中泥盆统北流组—唐家湾组厚层至块状灰岩构成的石山山顶上。此炮台居高临下，具有战略优势，大炮配合其他轻重武器，可封锁河面，随时观察河对面敌人的动态。炮台历经100多年，如今仅保存有台下附设防御工事，左边石墙炮孔犹存，石墙有1米多厚，由块石堆砌而成（图6-3），在当时属坚不可摧的工事，为捍卫祖国领土完整，曾发挥重要作用。如今进炮台之路几近消失，异常难行。

图6-2　内瀑（人造瀑布）

图6-3　硕龙古炮台（靖也炮台）遗址

（三）绿岛行云

绿岛行云位于德天瀑布与隘江村之间的归春河河段，以前笔者曾用"隘江面状瀑布"为其命名。该河段重点区长300米，宽200多米，总落差10多米，局部阶梯落差5米，多数在1米左右，因受波状起伏的地形影响，缓坡上水面翻卷如云。其前后断续长近1000米的河床起伏，是由上寒武统三都组泥灰岩夹砂页岩岩性不均匀、抗蚀性强度的差异性所致，相对密度较大、质地坚硬的岩性地形则凸起，顺走向形成多个隆脊，为波状瀑布打下基础。归春河随垂直走向大节理或断裂缓慢前行，一路先上坡后下坡反复推进，故一路前行一路波。有时水流改道、绕道，凸起处是浅滩，长满绿色植物，人称白浪绕绿岛，故名绿岛行云。在两岸青山、马鞍山（凸起马鞍状为泥盆系厚层灰岩，低矮丘陵河床为寒武系泥质灰岩）、农田、村舍衬托下，景色如画。如今，在公路边立有精美的红色块状砂岩标志碑及中华人民共和国标志界碑。绿岛行云系列景点给德天景区起到锦上添花的效果（图6-4至图6-7）。

图6-4　绿岛行云景点标志石

图6-5　绿岛行云景点正面全貌

图6-6　绿岛行云景点侧面美景

图6-7　844号界碑

（四）沙屯瀑布

沙屯瀑布位于大新县硕龙镇沙屯旁下雷河下游的陡崖上（该陡崖由大的节理面造成），即硕龙镇东1千米，硕龙隧道北侧下雷河上。笔者曾于1997年7月20日及2017年10月25日实地考察，可见瀑布共分为六级倾泻而下，总落差24米，有的犹如素绢高悬，声震山谷，连续约1千米，水景白绿相间，景色迷人（图6-8至图6-11）。远处第六级落差超过10米，其余各级落差在3米左右。地层上位于上泥盆系榴江组至五指山组与融县组接触带附近的厚层至块状灰岩。沟谷的成因主要受到测区北西

图6-8　夏季的沙屯瀑布

图6-9　秋季的沙屯瀑布

至南东向那贯、那岸主干断裂影响，形成北东向近于垂直的节理面，与平行层理直交，基底呈大阶梯状，下跌而成，并在单一岩性的斜坡上形成壮观的数级瀑布。瀑布两侧为喀斯特峰丛，山顶尖突，十分险峻。

图6-10　冬末春初的沙屯瀑布

图6-11　沙屯瀑布及标志石

（五）念底瀑布

念底瀑布位于大新县硕龙镇南东3千米念底电站旁边，与沙屯瀑布相距约1千米的黑水河上游的一个缓坡上。流水与上泥盆统融县组厚层-块状灰岩走向直交冲下，特别是雨季显得格外湍急，总落差10多米，形成四级扭曲瀑布（跌水）。近岸边另有一处小跌水，落差3～5米。在公路边，还有两处人造瀑布，大的宽约10米，落差6米；小的为四级阶梯瀑布，人车越过，一阵凉气袭来，倍感凉意、清新。另外，在山坡陡崖有3米高跌水小景和鸳鸯水域，让人倍感神奇。人们站在硕龙桥上观景，山、水和电站建筑群尽收眼底，山间微风吹拂面颊，空气清新。（图6-12至图6-17）

图6-12　夏季的念底瀑布

图6-13　念底瀑布

图6-14　电站人造瀑布

图6-15　远观电站人造瀑布

图6-16　跌水小景　　　　　图6-17　秋季鸳鸯水域

二、德天瀑布景区的外围区

（一）黑水河景区

黑水河景区属喀斯特峰丛峡谷景观自然风景区，位于广西崇左市大新县境内316省道边，距南宁市170千米，从南友高速公路转316省道可达。黑水河两岸林茂竹丛，河水清而深，呈蓝黑色，故名"黑水河"。（黑水河景区大门及标志石分别见图6-18、图6-19）

图6-18　黑水河景区大门

图6-19　黑水河标志石

黑水河发源于靖西市，横贯广西西南边陲，是左江的一条支流，呈北西—南东向斜穿大新县境。黑水河总长192千米，流域总面积6660平方千米，平均坡降1.32%，平均深7.1米，年均径流量25.9亿立方米，最大年径流量47.6亿立方米，最小年径流量11.5亿立方米，汛期（5～10月）平均年径流量22.8亿立方米，平均侵蚀模数73.2吨/（千米²·年），平均含沙量0.086千克/米³，年平均输沙量23.5万吨。

黑水河在大新县境内长45.5千米，是由北西向沿那贯、那岸一直向南东延伸的断层控制走向的一条峡谷型河流，两岸峰丛叠嶂，山体高差300米左右。黑水河以峰丛之雄、峡谷之险、河湾之幽、洞穴之奥为特色（图6-20），主要有那岸奇景、黑水河田园风光、那榜田园风光三个景点。①那岸奇景（图6-21）。长约9千米，属喀斯特峰林谷地地貌。两岸群山如削，奇石环列，水清景异。月亮山、刀刃峰、仙人指、罗汉峰、老人山等奇峰怪石层出不穷。那岸电站飞水成瀑，是典型的峡谷水库类型。②黑水河田园风光（图6-22）。长约20千米，两岸树木葱郁，河水清澈，沿途多跌水，沿河是玲珑的象形奇石岸，岸边的稻田、竹丛、果树、农舍掩映，俨然桃源仙境。③那榜田园风光（图6-23）。河水蜿蜒，水面如镜，远方两座单斜山峰倒影，岸边的田园、田间小路、果林、农舍如锦似画，妙不可言。景区自1999年开放接待游客后，购进了机动游船等设施，以水上游览为主。

图6-20　黑水河

图6-21　那岸奇景

图6-22　黑水河田园风光

图6-23　那榜田园风光

黑水河过去曾经是一条放荡不羁、肆虐横溢的"黑心河"。由于缺乏治理，洪水一来即泛滥成灾，给当地人民的生命财产带来极大的危害。如今，经过大新县人民几十年的治理，黑水河上建起了五座梯级电站，一座座拦河大坝巍然屹立，每年为全县提供2.48万千瓦的电力，黑水河成为大新县的一个重要能源基地。

黑水河不仅以其墨绿的河水而著名，更因为它久远的历史文化而令人向往。邓小平率领的红八军曾经饮马黑水河；当年中共左江工委曾经在这里深入发动群众，打土豪，分田地，推翻国民党的反动统治。抚今追昔，人们无不为黑水河的光荣历史及今天的巨大变化而感到自豪。黑水河流淌的是甘露和乳汁，给人们带来的是光和热，每当夜幕降临，奔腾的河水和发电机组的轰鸣声，点亮了两岸万家灯火，那不就是龙王洒向沿岸的"夜明珠"吗？

（二）龙宫仙境景区

龙宫仙境也称龙宫洞，位于崇左市大新县那岭乡那岭村伏旧屯山腰50米处，大新—靖西旅游网的中部。龙宫洞穴景区与德天瀑布、黑水河为同一旅游线，是从南宁到德天瀑布、通灵大峡谷的必经之地，由南坛高速转316省道可达；距省道约3千米，离县城18千米，离南宁市176千米，交通极为便利。

该景区包括游客服务区、冰洞体验区、山体景观带、溶洞游览区、那河景观带及温泉度假区、旅游服务区（全景导览图见图6-24）。旅游服务区即游客中心（图6-25），占地约15公顷，建有美观气派的游客中心大楼、停车场、假山流水，游客食、宿、购等设施齐备。

图6-24　全景导览图

图6-25　游客中心

龙宫洞内有地下河，常年凉风习习。夏季漂流，可饱览喀斯特奇峰怪石以及村舍、田园风光；闲暇时可去温泉解困、养生。

景区最为经典的是龙宫洞。龙宫洞穴形态为洞厅腔肠形。由六个洞

厅组成。洞穴走向总体为北西—南东向，总长496.5米，洞底面积6916.9
平方米，洞内容积47307.6立方米，按其景观分布分为五个厅。（大新
龙宫洞穴景区分布示意图见图6-26）

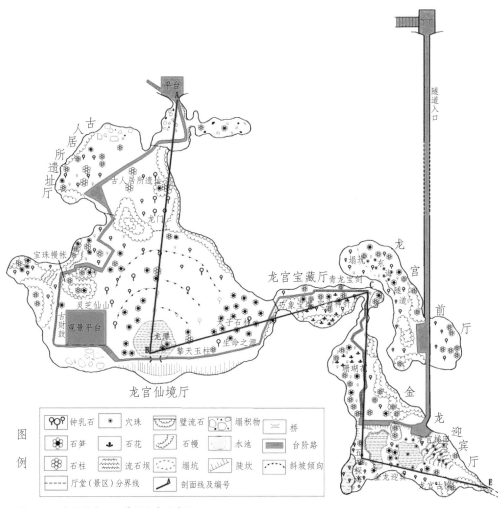

图6-26　大新龙宫洞穴景区分布示意图

龙宫前厅：主要沉积有钟乳石、石笋、石柱、石幔、穴珠、鹅管、石毛等，均保存完好。钟乳石分布面积约170平方米；石笋分布面积约60平方米；石柱分布面积60平方米，占厅内面积的10%；石幔分布面积110平方米。

金龙迎宾厅：主要沉积有钟乳石、石笋、石幔、穴珠、少量石花（石珊瑚）（图6-27）、流石坝、石梯田等，均保存完好。钟乳石比龙宫前厅分布密集，形状较大，下垂长度0.5～1.5米，分布面积约450平方米；石笋高0.1～5.0米，直径0.1～0.3米，分布面积170平方米；石柱高5～10米，直径0.5～4米，最大的高达13米，直径达4米；石幔高3～5米，宽3～7米，分布面积110平方米；流石坝（石梯田）分布面积168平方米。

图6-27　石花（石珊瑚）

主要景观有金龙迎宾、龙宫梯田、瘤状（凉薯状）钟乳石。金龙迎宾（图6-28），形似一条巨龙昂首游动于洞中，栩栩如生；龙宫梯田，由16级流石坝组成，并分布有较多的穴珠，形成田园风光；瘤状（凉薯状）钟乳石如几串凉薯悬挂在洞顶，直径20～40厘米，表面有不规则纵向沟槽，十分形象。

图6-28　金龙迎宾

龙宫宝藏厅：主要沉积有钟乳石、石笋、石柱、石幔、石花（石珊瑚）等，均保存完好。钟乳石形状奇特，下垂长度1.0～1.5米，多数下垂的尖头弯曲向上，有的长着石花，主要为协同作用（滴水、气流、气雾）形成，分布面积约48平方米；石笋高0.5～2.0米，直径0.2～0.3米，最高4.5米，生长较密集，顶部长着石花，分布面积约585平方米；石柱发育较好，高1.5～5.0米，直径0.4～0.6米，最高8.5米，最大直径1.2米，分布面积约90平方米；石幔高5～10米，宽5～8米，表面色泽光滑洁白，分布面积15平方米；石花（石珊瑚）为梅花状、枝状，结晶多数洁白，少数暗灰，主要分布在南侧石幔上，少数分布在石笋、石柱、钟乳石上。

主要景观有以下几处：定海神针，是一根直径10～20厘米，高约8米的石柱，因发育较好，粗细看似一样，表面洁白光滑，形似东海龙宫的定海神针而得名（图6-29）；青龙宝剑，高约5米，中部大，底部小，形似宝剑而得名；万象宝塔，由一根高约3米的石笋构成，

图6-29　定海神针

表面外围有多个似大象排列，而底粗上尖形似宝塔而得名。宝藏厅是龙宫洞钟乳石景观的精华所在。

龙宫仙境厅：是龙宫洞穴最大的一个厅，洞厅内次生化学沉积物主要有钟乳石、石笋、石柱、石幔、石梯田等，保存完好。钟乳石分布面积1859平方米；石笋主要集中在洞厅的东侧，分布密集，有180多根，高0.5～2.5米，直径0.2～0.4米；石柱分布在洞厅的西侧及中间，有两根石柱高大宏伟，其中一根高约34米、直径约6米，堪称世界之最；石幔分布在洞厅西侧及北侧，一般高4米，宽6米，多数表面光滑洁白，分布面积约30平方米。

主要景观有以下几处：太子石林，由密度较大的数根石笋构成，分布约占洞厅面积的40%（图6-30）；擎天玉柱，高48米，石柱旁还有形似古狮、老人、观音的石笋，惟妙惟肖（图6-31）；生命之源，是形似阳元石的石笋，高90厘米，中下部直径30厘米，形象逼真，令人惊叹（图6-32）；发财鼓，是一根高约1米的枝状石

图6-30　太子石林

图6-31　擎天玉柱

笋，其顶部平滑，用手击之发出"咚咚"的鼓声而得名；灵芝仙山，由一组边缘长得似灵芝的石柱构成；宝珠幔帐（石佛念经），是一组边缘生长着形似珠子的石幔，因此得名（图6-33）。

图6-32　生命之源　　　　　　图6-33　宝珠幔帐（石佛念经）

古人居所遗址厅：洞厅内次生化学沉积物主要有钟乳石、石笋、石柱、石幔等，均保存完好。钟乳石分布面积约200平方米；石笋分布面积较少；石柱分布在北西端和中部，面积约80平方米，约占洞底面积的10%；石幔主要分布在洞厅四周，面积约120平方米，约占洞底面积的15%。

主要景点有两处：龙母寝宫（人工建造），是游人拜祭龙母娘娘的地方；古人居所遗址，是宋代壮族英雄人物侬智高在此抗敌活动的遗址，出土有宝剑等，在厅内有简单的记载。

（三）明仕田园

明仕田园跟其他外围区景点一样，均属德天世界跨国瀑布这枝

"鲜花"上的一片"绿叶"。它位于崇左市大新县堪圩乡明仕村，从南（宁）坛（洛）高速公路转316省道可达，距南宁市195千米，是以典型的由下中泥盆统北流组—唐家湾组灰岩构成的喀斯特地貌景观为主的自然风景旅游区。（明仕田园风景图见图6-34至图6-36）

景区由峰丛洼地、峰丛谷地和盆地等喀斯特地貌形态组成，总面积约20平方千米。由于喀斯特发育程度不一，地貌类型多样，构成了奇峰峥嵘、群峰竞秀的地貌景观。景区内四季景色皆如诗如画，有着"山水画廊"和"隐者之居"的美誉。主要景点有明仕田园、明仕碧河、碧江翠竹、千年蚬木王、门村云海、十九更、天然崖画等13个。为庆祝中华人民共和国成立55周年，国家邮政局于2004年10月1日发行2004-24T《祖国边陲风光》特种邮票1套12枚，小全张1枚。明仕田园风光入选《祖国边陲风光》特种邮票主图，图名为桂南喀斯特地貌，图序为2004-24·（12-7）T。桂南喀斯特地

图6-34　明仕田园

貌图邮票以崇左市大新县堪圩乡明仕村明仕田园风光为主题。

明仕河沿岸是广袤的田园，明仕河从中蜿蜒而过。上游为重峦叠嶂的地形，群峰罗列竞秀；中下游则是开阔平坦的谷地，峰丛散布，路绕峰移，空间变化丰富，尤以明仕公路桥一带景观最为明快。这里河水清澈，山峰倒影，稻田开阔，竹丛掩岸，农舍依于山脚。沿河可见独木桥、竹水车、牧童骑牛、农人荷锄等田园景象。每年农历正月十六明仕村都定时举行康母歌圩，每临歌圩壮族群众穿着特有的民族服饰会聚在一起，载歌载舞，以歌会友。此外，斗鸡节、花炮节等特有节日都散发着浓郁的民族风情和生活情趣。明仕村出产的珍珠鸭、龙眼、苦丁茶、黑果蔗、香糯米等也很有名。

如今景区设有外观简约，内部装修精美，吃、住、行、乐设施齐备的高档酒店。

图6-35 穿洞

图6-36 明仕田园泳池

（四）大新下雷锰矿区

下雷锰矿是我国最大的锰矿床，探明的储量占全国总储量的
22.55%，是我国重要的锰矿生产基地。该矿位于德天瀑布北西11千米，
在中越边境大新县下雷乡逐岘村及靖西市湖润乡新兴村一带，矿区面积

30多平方千米（图6-37）。矿床有原生矿和氧化矿两种，原生锰矿属海相沉积碳酸锰矿，呈层状，长约6000米，宽600～1400米，有三层，单层厚0.50～4.96米；地表和浅部（当地侵蚀基准面以下）的原生矿由于受到长期的氧化作用而变为氧化锰矿，当地氧化锰矿带一般深50～150米，局部仅深15米。碳酸锰矿中，锰含量17.83%～22.72%，葡萄状锰矿石磷含量0.105%～0.125%。氧化锰矿中，锰含量28.58%～35.43%，磷含量0.15%～0.17%，而且富矿较多，既可做冶金辅料，又是制造电池的原料，放电性能良好。碳酸锰矿由于埋藏锰矿石较深，锰含量较低而未开采，目前开采的是氧化锰矿。下雷锰矿是我国最大的锰矿山企业，已有40多年的开采历史，锰矿最高年产量达590多万吨（2011年），产品销往全国各地。

图6-37　下雷锰矿采矿场

大新下雷锰矿属国有企业，开发历史悠久，技术设备齐全，多种经营，属规范化、现代化企业，是矿山公园、工业旅游理想的候选基地。锰矿地质上主产在邕歌小型向斜盆地内，轴向东偏北，属沉积性锰矿床，由外向内露出地层D_2t（唐家湾组），层孔虫灰岩、泥灰岩。（图6-38为锰矿粉加工厂房，图6-39为锰矿区观光台）

图6-38 锰矿粉加工厂房

图6-39 锰矿区观光台

　　锰矿一般产于D_3l-w（榴江组—五指山组），扁豆状，为条带状灰岩和硅质灰岩、泥质硅质岩及硅质岩，但主要含矿层为C_1l-b（鹿寨组—巴平组）深灰色中层灰状岩硅质条带，微晶灰岩。

　　下雷锰矿开采区的阶梯状采场无比壮观，运载矿石的汽车在奔跑，钻机在另外一角为探寻更多矿产资源，不分昼夜地忙碌。（图6-40为探矿工地）

图6-40 探矿工地

第七章 德天瀑布成景机理

　　德天瀑布景色优美，一年四季各具特色，瀑布上下、前后、远望、近观景色各不相同，其成景机理复杂，前面的章节已做简单归因——水和地质两大基本条件。如果进一步深化研究瀑布成景机理，则涉及气候、土壤风化、生物等因素。气候因素非常重要，大致取决于所属气候带和气候型，即该区辐射（日照）、温度、降水、光、电、声、气压、风等对水势所起的调节作用；土壤的风化，使流沙在雨季改变瀑布的颜色；生物因素，除对瀑布起衬托作用外，对流水的阻挡、瀑布分股造型，也发挥着重要作用。在基础条件中，就水的方面而言，关键在于水色、水量的季节性变化；而地质方面的突出作用是构造运动导致地层中的岩石发生不同程度变形、变位，从而形成不同程度和不同方向褶皱、断裂、节理、劈理。它们直接控制瀑布的流向、落差、形态等，具体各因素的综合协调作用，下面做深入探讨。

一、水的作用

　　德天瀑布的景色多变，雄伟壮观，是受多种因素造成的。

（一）水色

　　每年7月暴雨之后，因夹带大量泥沙、粉尘，导致河水呈土黄色（图7-1）。泥沙、粉尘主要来源于流水的旁蚀、底蚀，雨水冲洗植被的泥尘，岩石表面的尘土，岩石的风化土。随着雨季向旱季转变，河水含沙量减少（下游黑水河年均含沙量1.086千克/米^3），河水逐渐变清。11月水域一般呈翠绿色。由于归春河沿岸植被比较发育，泥沙的补给量比较少，沉淀较快，故一年之中，只有5月下旬至8月上旬降水量大的季节，河水经常性浑浊呈土黄色，其余时间则水色青碧，游鱼可见。

图7-1　雨季的德天瀑布

（二）水量

从宏观来看，水量是影响瀑布景观的重要因素。雨季，德天瀑布断面多股水流已经合并，一级、二级和三级、四级有时相连，分不清，五级高度、落差明显变小。归春河单位时间水流量年平均值50米³/秒，雨季偏大，为80米³/秒；旱季流量较小，为35～40米³/秒，且流量稳定，特别是春节前后，在国内大多数瀑布包括贵州黄果树瀑布，只能沿绝壁呈细流时，德天瀑布凭借归春河沿线良好的生态环境，充足的水源补给条件，水流一直处于高位运行，常年壮观迷人，备受国内外广大游客青睐。

（三）水质

在石灰岩峰丛山区，地下水主要来自降水，水分以垂直运动为主。径流途径短则元素迁移能力强，而在喀斯特谷地、喀斯特平原地区地下水循环途径长、交替缓慢、元素迁移能力较弱。地下水化学成分的主要离子为HCO_3^-和Ca^{2+}、Mg^{2+}，这些离子含量从喀斯特峰丛区到喀斯特谷地、喀斯特平原地区逐渐增加，通常相差1倍以上。水质类型多为HCO_3-Ca和$HCO_3-Ca \cdot Mg$，其他类型较少。矿化度最大751.97毫克/升，最小12.18毫克/升，平均为182.16毫克/升。总体偏酸性，有利于对灰岩的溶蚀作用，为喀斯特地貌的形成发挥重要的作用。

（四）水动力

水动力与水量多少及落差、航道关系较大。一般来说，水量丰富、落差大、河道窄的地方水动力较强，对岩石的腐蚀破坏作用较大；河道宽的地方水动力则较弱。归春河发源于喀斯特峰丛山区，一直在山间奔流不息，流速较快，总体水动力较强。当归春河流返中国境内时，切割泥盆系，该地段由于受北东向德天逆断层的影响，伴生形成一些北西向小型断层、节理和多方向的劈理。这也导致浦汤岛近断裂带的北西盘浦汤岛地块被多个小断层切割，并形成多条大小不一的、方向改变的沟槽，归春河自此从一条干流分成两条束状支流。左侧为越南境内只有一级的板约瀑布群，五股流水。右侧是中国的德天瀑布群，从最高一级瀑布看，大的有十三股流水，两个瀑布群相隔约200米。浦汤岛因岩性泥质含量高而易风化，加上水系成网，故植被发育，为瀑布多股化、多级化创造了有利的条件。

（五）构造运动的影响

印度-燕山运动后，印度板块与华南板块碰撞，形成西南云贵地区地貌，呈西高东低态势，水流方面也顺势由北西流向南东。进入喜马拉雅造山期，新构造运动发生持续不均的作用，导致地表形成多级台阶和孤岛，地壳构造中断裂、节理十分发育，水量较丰富的大新、靖西的谷地的断裂面、大的节理面形成较多的瀑布群。大新县有德天瀑布、绿岛行云、沙屯瀑布、念底瀑布；靖西市则有三叠岭瀑布、通灵瀑布、爱布瀑布、古龙山峡谷瀑布等。浦汤岛是差异运动的产物，归春河受该岛阻挡，于53号界碑西侧分成两支，一支流向越南，遇德天逆断层悬崖形成板约瀑布；另一支流向中国，在岛上分成枝状，遇德天逆断层悬崖形成多股洪流下跌形成壮观的德天瀑布，再与板约瀑布汇合于归春河。

（六）德天瀑布结构

多年来，广大学者、旅游爱好者、文人墨客，甚至德天瀑布景区的管理者，均未对该瀑布结构做过较为详细的研究、分解剖析，而只是笼统地按照三级瀑布的大框架，相互参考、引用和转述，总体缺少新意。

根据笔者2016年9月至2018年2月先后四次实地考察验证，瀑布自上而下共分为五级，详见图7-2、表7-1。

图7-2　德天瀑布结构图

表7-1　德天瀑布结构表（2016年9月30日）

瀑布级	宽（米）	落差（米）	潭宽（米）	潭深（米）	潭面积（平方米）	瀑布股数	水色
一	50	26.5	75.0	1600	7	13	翠绿色
二	25	21.5	37.5	400	6	5	
三	74	19.5	70.0	150	3	22	
四	37	4.0	38.0	80	4	16	
五	120	21.5	120.0	与河道相融	10	24	

　　不同时间、不同的环境，同一瀑布的分级也可能不同。除上述四次考察外，另据1987年7月20日笔者在大雨之后实地考察，因降水量大，德天瀑布仅现三级（表7-2）。

表7-2　德天瀑布结构表（1987年7月20日）

瀑布级	宽（米）	落差（米）	潭宽（米）	潭深（米）	潭面积（平方米）	瀑布股数	水色
一	78	26.5	113	7.5	2100	4	土黄色
二	115	19.5	108	4.0	560	6	
三	123	19.0	120	12.0	与河道相融	4	

　　关于德天瀑布呈五级台阶的成因，可以从岩性、构造、流水的动力学、植被等方面分析。受流水的浸泡、冲刷、侵蚀、溶蚀作用，加之浦汤岛的岩性主要是泥质、有机质含量较高的碳酸盐岩，岩性相对松软易碎；还有因受北东向、北西向两组节理、劈理、层理影响，特别是雨季水动力较强时便像切豆腐一样自上而下，将岩层从前（北西）到后（南东）切割，使瀑布呈阶梯状。随着时间的推移，数万年之后，瀑布沿北西向河流上游后退，当退至与归春河主干流相接时，瀑布有可能消失，变成畅通无阻的通途。据观测，随着中国一侧河床加宽，取直成为主航道，河水按照流体力学的规则，大部分河水流向中国一侧，原先流经越南的支流，水量趋于减少。植被的作用有两方面，一方面是根劈作用，加大大块状巨石切割的力度，加速垮塌的进程和阶梯后退速度，同时，根系可以涵蓄水分，以利于形成源源不断的水流；另一方面是阻水固定基础，延长岩层垮塌的进程，筑牢阶梯化进程，促使德天瀑布更加美丽壮观。（德天瀑布逆断层立体示意图及五级成因机理示意图分别见图7-3、图7-4）

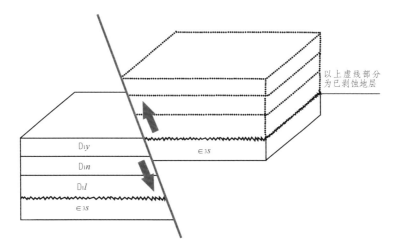

图7-3 德天瀑布逆断层立体示意图

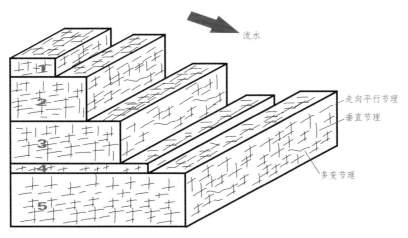

图7-4 德天瀑布五级成因机理示意图

（七）德天瀑布附景——神奇的水帘洞的点缀

水帘洞在中国有神话的色彩，被称为水帘洞的景观不少，其中最著名的有《西游记》中描述的花果山水帘洞（位于江苏连云港）；广西北海涠洲岛西南角海蚀洞群中的滴水丹屏，也被称为水帘洞。它们的共同特点是洞口前有水帘悬挂，洞内呈现一些自然状态或有一些钟乳石景观，但具体看每一个洞的差异不小。

水帘洞有大有小；帘的类型多样，有串珠状，也有瀑布状；水帘显现的时间，大部分是断续呈现，雨季或下大雨时才有串珠状、线条状水帘出现，极少数是常年呈瀑布状的。德天瀑布腹中的水帘洞群，有多个属国内罕见的水帘洞，水帘一年之中有三个季度为瀑布掩盖，一个季度或更短时间为旱季，德天瀑布水帘呈连续状，而非滴滴答答的串珠状。德天瀑布水帘洞洞口朝向135°（南东），洞道走向约320°，深20余米，与德天逆断层近乎垂直，与归春河流向大致相同。其中，突出的一个大洞洞口宽3.2米，高4.5米，深20多米，略呈厚的透镜状。旱季河水清澈透明，由外向内看，钟乳石、石柱晶莹剔透，洞穴沉积占据了洞穴大部分空间。偶入洞内如入仙境，透过水帘洞向远处瞭望，青山、碧水、游船、田园、村舍尽收眼底，归春河两岸的居民，为了生活和梦想，辛勤劳作。这番景象，构成了一幅美不胜收的风景画。

（八）浦汤岛上的多支多级跌水汇聚

跌水汇聚主要有五种因素：一是构造因素，即垂直岩层走向，顺应归春河流向断层（大节理）；二是与岩层走向平行或斜交节理；三是岩性坚硬，已风化岩层或已松开的巨石阻挡（图7-5）；四是大树根系阻挡（图7-6）；五是与流水量、季节变化等因素关系密切。

图7-5　巨石阻挡

图7-6　奇异大树根

二、众景的衬托作用

（一）众水景的衬托

从大的方面看，广西地处亚热带，降水量大，且地形复杂，境内形成了数百处瀑布和跌水，广西著名瀑布简表和广西精美小型漂流风景河段分别见表7-3、表7-4，其中，以德天瀑布最为著名、壮观、迷人。

表7-3 广西著名瀑布简表（节选）

名称	位置	瀑宽（米）	瀑高（米）	落差（米）	特征
德天瀑布	大新县桃城镇西98千米归春河下游	200	70	70	水量大，河水自北向东南被五层叠崖阻流而落
三叠岭瀑布	靖西市湖润乡新灵村	20	30	30	断崖高达100米
红滩瀑布	桂林市临桂区宛田乡花坪保护区	2～3	50		花坪瀑布众多
东山瀑布	陆川县东4千米东山上	15	24	100	1958年修建水库，水源受控
冷水瀑布	鹿寨县南6千米冷水滩上	87	24	24	地下河出口而形成
古东瀑布	灵川县大圩镇古东村水源山	12	10	5～10	大小瀑布9处，落差5～10米
流水岩瀑布	河池市金城江区河池镇西南3千米女儿山上	10	30	30	离地面50米的溶洞水外溢而成
马三家瀑布	昭平县大冲山马三家村，距县城西北2千米	7	23	23	从山顶直下，注入长10米、宽7米、深12米的深潭
暇南河瀑布	南宁市武鸣区大明山西段丛山之中，上林县西燕乡，高段500～700米	11	40～50	50	上部跌水较低，下部跌水很高

续表

名称	位置	瀑宽（米）	瀑高（米）	落差（米）	特征
通灵瀑布	靖西市通灵大峡谷源头	8	162	162	单级瀑布广西之最
宝鼎瀑布	资源县南东12千米宝鼎山	20~200	80	80	瀑湖相连
九龙瀑布	横县镇龙林场九龙山	22	30	30	雨季壮观
马尿瀑布	上思县十万大山平隆山	15	150	150	（神马水瀑布）很远处可见
圣堂飞瀑	金秀瑶族自治县圣堂山	40	100	120	雨季壮观迷人
海洋山叠瀑	灵川县海洋山	25	60	400	十二叠总长1650米
双箭瀑布	融水苗族自治县元宝山	20	50	65	两股水时分时合
绿岛行云	大新县临江河段	100	5~10	10	持续1000米，平面状瀑布
念底瀑布	大新县硕龙乡	13	27	27	雨季呈八级，秀美
沙屯瀑布	大新县硕龙乡	15	25	25	四级
响水瀑布	鹿寨县中渡	87	单级1~2	>20	雨季壮观，十级延伸300米
仙女瀑布	贺州市姑婆山	5~8	>80	>80	常年壮观，环境优美

表7-4　广西精美小型漂流风景河段

河名	长度（千米）	特点
大新归春河	18.93	沿河瀑布形成群，边境风情、山清水秀
大新黑水河	6.00	喀斯特峡谷风光，象形山石
上林清水河（三里洋渡）	20.00	喀斯特山水、洞、亭、福寿桥、唐碑

续表

河名	长度（千米）	特点
河池小三峡（龙江大峡谷）	12.00	喀斯特山水、民族风情、珍稀植物
宜州临江河	17.00	喀斯特山水、民族风情
资江	22.50	丹霞山水地貌、象形山石
隆安绿水江	6.80	喀斯特山水、溶洞、龙虎山猴群
靖西古龙河	6.80	喀斯特风光、峡谷漂流、溶洞、瀑布
资源五排河	30.00	硅质岩、奇石地貌、奔腾山水
阳朔遇龙河	25.00	喀斯特山水风光、峰林、孤峰
灵渠	34.00	水街上的古桥、古建筑，铧嘴、泄水天平
两江四湖	10.00	山水、古建筑倒影、植物、地形、延伸文化元素
明江	30.00	喀斯特风光、花山岩画、龙瑞自然保护区、紫霞洞
巴马盘阳河	3.00	山美、水美、洞奇、人长寿
罗城武阳江	8.00	喀斯特山水、溶洞

从小范围看，德天瀑布景区的归春河段沿途风景秀丽，瀑布成群，如浦汤岛瀑布（图7-7）。其间有多个漂流河段，如今开发较好的除黑水河外，比较热门的是德天瀑布下游，河段长约1500米。时常可见中国一侧有穿橘红色救生衣的游客坐在游船上观看德天瀑布、板约瀑布和沿河风光（大庙）。越南一侧同样有游客以漂流的方式观看瀑布，原则上不可越过归春河中心航线。这些水景对德天瀑布主景地也起到良好的衬托效果。

（二）生态环境中的其他因素的衬托

德天瀑布之美，其他的衬托因素主要为良好的亚热带气候。景区表现常夏无冬，气候宜人，缔造四季不同的山、水、洞、石美景，以及四季常绿却风格迥异的归春河风光。另外，景区内还保存着战争岁月留下的历史遗迹、归春河上的异国风情等，给德天瀑布平添不少人文色彩。

图7-7　浦汤岛瀑布

第八章　德天瀑布景区开发状况与可持续发展

德天瀑布景区是当前广西旅游业开发蓬勃发展的新兴热点之一，规划以德天瀑布核心景区为龙头，带动德天瀑布外景区和外围区的山水洞石景观联动式开发，开创桂西南地区风景带上景区合作共赢的新模式。由于目前能吸引国内外广大游客的仅限于核心区，而外景区和外围区的景点则是"门庭冷落车马稀"，开发程度仍很不平衡。如何扭转外景区和外围区景点开发后进的被动局面，实现德天瀑布景区可持续发展，相关管理部门思想上应重视，政策要上倾斜，行动上要落实到位，稳步推进，最终实现核心区、外景区、外围区协同发展，共同繁荣的目标。

一、德天瀑布景区开发状况

在跨国瀑布中，德天瀑布居世界第四、亚洲第一，但正式开发的历史并不长，20世纪60～80年代甚至之前，该区域仍处于战争前沿地区，周边大环境并不稳定，还有当时经济环境比较落后，很多地区尚未摆脱贫困，人们向往高层次的精神生活——旅游的意识不够。直到中越关系正常化，瀑布观光游才得到进一步发展。据笔者近20年多次考察，德天瀑布景区开发大致分为四个阶段，呈现效益稳步提升、开发逐步深入的良好态势。

（一）20 世纪 80 年代的原生态开发阶段

原生态开发、游客较少是此阶段的主要特征。每年7～8月，本应是观赏瀑布的好时节，但大新至德天瀑布道路崎岖难行、杂草丛生，景区内设施因陋就简，道路多为砂石路，基本无服务设施。当时一张门票仅0.2元。单位旅游汽车可直接开进景区内，景点只有两个，即正面观德天瀑布及53号界碑，约1小时可观光完毕。从龙宫仙境至德天瀑布沿线景点尚未开发，属尚未开垦的处女地。

（二）20 世纪 90 年代的初级开发阶段

此阶段修扩建了大新县城至德天瀑布的二级公路，景区的开发由私营企业承包，岸上从门口至53号中越界碑，修建上下平行的水泥观光小道两条，以德天瀑布及53号界碑等景观为主。德天瀑布风景带上的明仕田园、龙宫仙境、黑水河以原生态的景观、简陋的服务设施、低廉的门票向游客开放。景区游客量在逐渐增多，经济效益、社会效益有所提高。

（三）2000～2015 年的开发提升阶段

此阶段在景区原入口公路左侧增添了巨型标志石，从门口至53号界碑，新增界碑6个，界碑附近开设了边贸市场；河岸上的公路做了功能划分，一边供景观区观光车行驶，一边为游客步行道。景区大门外有多家私营商店、宾馆和非正规的停车场，环境欠佳。风景带上的龙宫仙境，洞内修了160米隧道，改变了游道方向，优化了洞中空气流通环境。明仕田园修建了高级宾馆和各种游乐设施。黑水河景区修建了仿古大门。大新锰矿区在采矿场用推土机推出一个观光台。旅游开发意识得到强化。随着旅游业快速发展，社会效益、经济效益明显提高。

（四）2016～2017年进一步改革创新阶段

据笔者2016年9月、2017年10月、2018年2月三次考察，发现多处新设施、新变化：一是瀑布南东约7千米的宽阔谷地中，修建"中国德天瀑布景区游客集散中心"大楼。楼内设售票中心、商场、人造瀑布，设施齐全。周围设正规的大型停车场、游乐场、宾馆。二是硕江村河段原面状瀑布处，现在在公路左侧树立了"绿岛行云"标志碑及中国界碑844（1）号碑，站在标志碑前可远眺长约1000米、宽约200米、落差1～5米似绿岛行云的面状跌水（瀑布），两岸由寒武系泥灰岩、碎屑岩构成的丘陵及远处由泥盆系石灰岩构成的峰丛地貌。三是大门景观区巨变，原简陋的大门改为农庄式接地气的出口大门，在原大门左侧增加了别致的建筑群和雄伟的仿古式入口大门；建筑群内设售票处、安检、商店、餐饮店等，入口大门内外建小广场，供游客摄影留念，原大门前无序的停车场已重新整修规范化。四是原来两条平行的游道，改为合拼的环形游道，游客不走回头路，沿途景点也更丰富了。从新大门沿原来的下线观景，看德天瀑布、板约瀑布，由远到近，领略不同角度和不同距离的德天瀑布雄姿。上坡尽头可见中国与越南分界的53号界碑，沿岸上公路至出口大门出景区。

新环形游道，是观赏核心景区各景点的最佳选择，计23处，除了原德天瀑布正面景观和53号界碑外，还增添了21处新景。主要景观：自新建入口大门开始，缓坡下至河边，看到的第一景是"围堰"大跌水，宽约200米，跌落差1～2米，白浪翻腾；第二景是景区景点游览图、标志牌及竹排上落码头，远观德天、板约两大瀑布全景，河面风光，两岸旅游设施现状；第三景是连接第二条观光道斜坡，首先是跌水小景，含2米落差跌水和小型水帘洞；第四景是木制观景台，近距离欣赏德天瀑布东侧浦汤岛瀑布风采；第五景是上坡路旁是环状跌水捧石一景；第六景是缓坡处多姿多彩的跌水群，充分展现德天瀑布背后的奇景；第七景是小巧别致的德天寺，砖石结构，门前有对联"一香一心一愿一求，多善多德多拜多应"，小庙不大，香火旺盛；第八景是德天瀑布后缘的枝状水系，滚滚河水、气势磅礴，同时远处隐约可见越南一侧雄伟壮观的庙宇建筑群；第九景是中国一侧的古炮台遗址，原观光路边杂草丛生，难于攀登，现已修缮；第十景是中越界碑及跨国集市，界碑一个为清朝时立的已有破损的53号石灰岩界碑，另两个是由中华人民共和国于2001年立的835号及835/1花岗岩界碑，此外跨国集市主要是越南小商贩销售越南的土特产品等，市场中人来人往，热闹非凡；第十一景是于2015年树立的巨型近斜方形"友谊石"，透过绿树可领略坡下的德天瀑布风采；第十二景是近出口大门100米处，河流阶地地貌景点，一级阶地含河心滩、河漫滩，二级阶地为农田，三级阶地为浦汤岛丘陵，四级阶地为灰岩峰丛；第十三景是出口大门附近，"德天瀑布"巨型砂岩标志石及远处归春河的山水风光等。

二、德天瀑布景区可持续发展

德天瀑布景区要实现可持续发展，应以德天瀑布核心景区为龙头，走集团化、规模化、现代化的发展之路。

（一）以德天瀑布核心区为龙头

德天瀑布核心区在资源开发与保护、设施档次提升与维护、生态环境宜人化改造与提升、经营理念创新、人性化服务水平、智能化管理程度等方面要树立龙头意识，争做区域旅游业的排头兵，甚至同行业的前列，为整个景区的发展树立榜样。

1. 旅游资源开发

坚持不断创新理念，充分挖掘资源潜力，创品牌。在核心区深入开展观光、漂流、购物、餐饮等项目，实施多渠道经营活动。开发新旅游产品，做到紧跟形势，与时俱进，不断丰富，不断更新。如初春在五级瀑布中设水帘洞探险游，古炮台观光游，越南中国互访游，归春河远程漂流游等。

2. 旅游资源的保护

旅游资源的保护是国家生态环境保护战略中的一部分。它是发展旅游业的根本和基础，必须慎重认真对待，在保护理念上要坚持可持续发展，永续利用。措施上要组织落实，人员落实，规划（计划）落实，手段力求与时俱进。现有设备由工作人员手工操作，逐步向半机械化、信息化、智能电气化提升，这对旅游资源保护的速度和质量将逐步攀升，成效显著。

3. 设施档次的持续提升与维护

旅游设施包括食、住、行、通信及人员配备等，实现档次的提升，应以适应旅游业的新形势发展需要为依托，逐步与世界接轨。设施的利用始终应给游客一种快乐感和幸福感。不要搞一步登天，那样会超出游客消费水平，造成资源浪费，给地方和国家带来经济损失。设施档次的提升应循序渐进，在很多实用型设施方面，应先解"有无"问题，再解决优劣问题。随着形势的变化和企业的发展，适应当今旅游业形势和广大游客消费水平，各类设施将由低档次向高档次转变。

4. 各类设施的维护与创新

各类设施应实用、高效、经久耐用，为达到这个要求，一靠懂技术的人才队伍；二靠严格的规章制度，充分调动职工的积极性和创造性。

技术人才兼顾全面，一专多能，对设施懂操作，能维修，另外还应钻研操作新设施、新设备，了解各类设施发展的动态。建立健全设施维护的规章制度，包括使用制度，保养制度（大修、小修、日常维护），操作人员的奖惩制度等。

5. 生态环境宜人化改造与提升

景区的生态环境是吸引游客的重要条件，经济环境、社会效益、基础条件等必须认真对待。景区实施宜人化的美化工程，首先可参考国内、区内有关类似景区的做法；其次，制定一个规划，根据旅游发展需要，逐步将现有景区建成略有超前意识的规范化、园林化、现代化、宜人化、人性化景区。

6. 经营理念的创新

作为龙头产业，德天瀑布大景区应在经营模式上起表率作用，理念创新的发源地，要做学习先进模式、创立先进模式、推广先进模式的排头兵。在经营中采取"人无我有，人有我优"的模式，努力提高景区的经济效益和社会效益。如景区可学习桂林猫儿山风景区的经验，在远离核心区的地方设立游客集散中心，由景区的车（另收费）送到离登山点较近的宾馆处，休息片刻，午餐后再登山顶，下午人累了可在宾馆住下，第二天看日出，之后乘景区车返回。德天瀑布景区，原来游客可乘自驾车直达核心区门口，买一张门票即可进园区随便游览。如今，在离核心区数千米谷地中修建了游客集散中心，游客一律下车，由景区开车送至核心区门口正规停车场。由入口大门到河边观光道，经德天瀑布至53号界碑，然后由园中电动交通车送达出口大门，经商业街后结束。经过这样的调整，景区和游客实现了"双赢"。

（二）走集团化（国家地质公园）、公司化、品牌化之路

俗话说："船大能抗风浪。"德天瀑布景区要在经济大潮中走得稳，走得快，就必须走集团化（国家地质公园）、公司化、品牌化之路，让归春河80多千米流程上的景点全面开放，让沿途更多新颖的景观资源焕发青春。以游客集散中心为基地，不断扩大经营领域，包含设瀑布观光区（德天瀑布、绿岛行云、沙屯瀑布、念底瀑布）、喀斯特山水溶洞田园观光区［黑水河山水风光、那岸风光、明仕田园、龙宫仙境（龙宫洞）等］、大新锰矿矿山公园、古遗址（炮台、炮楼）参观考察区，将旅游业做大做强。在组织形式上，创立品牌，如创建大新德天瀑布国家级地质公园，力求将德天瀑布推向全国，走向世界。

三、企业管理坚持法制化、人性化

企业管理坚持法制化、人性化是企业生存与发展的必备条件，正所谓"没有规矩，不成方圆"。

旅游业人性化的理念，其根本目的就是为人们提供优质的服务。旅游工作必须以游客需求为导向，以"一切为了游客，一切服务于游客，让游客满意，玩得开心，游得安心，消费放心"为目标，实现开展旅游规划、开发和管理工作的人性化。因此，旅游资源开发无论从设计到管理，以及对自然环境的保护，都应该体现出更多的人性化和以人为本的理念。旅游业人性化的实质是通过对外部社会和公众以及内部员工的不同需求、欲望的了解，以满足各类人群的需求而去开发和创造相适应的旅游产品和服务，以达到推动旅游业兴旺发展的目的。可以从如下三个方面具体落实。

第一，应从人性化角度规划、设计景区，甚至全程亲自体验，发现

问题及时在规划设计中改正，同时，在景区运营过程中，收集游客的反馈意见，并认真整改、完善，这样才有利于景区的可持续发展。

第二，要加强景区的服务意识。景区管理范围不是只有大门，应该把所有景点、路线纳入管理范畴并配备相应的人员和设施及供给，想游客所想，急游客所急，努力满足游客在游览过程中的一切需要。完善景区的标牌、路牌、旅游路线及其说明等，宣传讲解要到位，一些危险的路线和景点要有所警示，标明不适宜的人群，避免旅客陷入"骑虎难下"的困境，甚至造成人身伤害的悲剧。

第三，制定体现人性化的规章制度。如景区工作人员应树立以人为本的观念，尽量为游客提供方便和服务，不断提高服务质量，树立良好的企业形象，提升企业社会效益，为企业可持续发展创造良好条件。

四、旅游产品开发

旅游产品开发是旅游业内共同关注的大事，也是企业效益能否提升的重要手段。旅游产品的开发，促销的方法、形式及时间，必须紧跟旅游业发展形势，根据各景区（景点）企业的各部门的实际情况，讲究战略战术，采取各种有效手段，有组织、有计划、有节奏地稳步推进，力求低投入、高产出，持续取得好的效果。充分利用当代信息化、网络化的设备、设施，推动企业快速稳步、可持续发展。

可以预见，德天瀑布景区的旅游业发展，在核心区带领下，沿着法制化、集团化、信息化、现代化、人性化、网络化和可持续发展之路，社会效益、经济效益和环境效益必将显著提高。

参考文献

［1］曹伯勋.地貌学及第四纪地质学［M］.武汉：中国地质大学出版社，1995.

［2］陈安泽，卢云亭.旅游地学概论［M］.北京：北京大学出版社，1991.

［3］陈放.中国旅游策划［M］.北京：中国物资出版社，2003.

［4］陈小燕.广西德天瀑布深度开发探讨［J］.广西教育学院学报，
2004（03）：109-111.

［5］傅中平，梁圣然.广西石山地质珍奇地质景观评价、开发与保护研究［M］.
南宁：广西科学技术出版社，2007.

［6］傅中平，刘玲玲，黄春源.浅谈广西旅游资源开发的人性化［J］.南方国
土资源，2016（12）：38-39，45.

［7］高道德.黔南岩溶研究［M］.贵阳：贵州人民出版社，1986.

［8］广西地质学会.广西地质之最［M］.南宁：广西科学技术出版社，2014.

［9］广西壮族自治区地方志编纂委员会办公室.广西之最［M］.南宁：广西美
术出版社，2010.

［10］《广西壮族自治区地图集》编纂委员会.广西壮族自治区地图集［M］.
北京：星球地图出版社，2003.

［11］黄巧，陈玉弦，傅中平.广西旅游地学研究、实践成果及建议［J］.南方
国土资源，2018（4）：36-38，41.

［12］黄巧，傅中平.德天瀑布地质特征及瀑布成因浅析［J］.南方国土资源，
2017（7）：48-51.

［13］黄艳芳.感悟八桂文化［M］.南宁：广西教育出版社，2014.

［14］江璐明，金利霞，唐光良，等.瀑布旅游资源评价与广州增城白水仙瀑开

发［J］. 地域研究与开发，2008，27（2）：85-89.

［15］邝国敦. 广西常见化石图鉴：上册［M］. 武汉：中国地质大学出版社，
　　　2014.

［16］赖富强，刘庆. 趣闻广西［M］. 北京：旅游教育出版社，2007.

［17］廖钟迪. 德天景区发展探略［J］. 广西社会科学，2005（02）：89-91.

［18］廖钟迪. 德天旅游品牌塑造的思考［J］. 经济与社会发展，2005，
　　　3（2）：4-6.

［19］刘振礼，王兵. 新编中国旅游地理［M］. 天津：南开大学出版社，2001.

［20］任美锷. 岩溶学概论［M］. 北京：商务印书馆，1983.

［21］任美锷. 中国自然地理纲要［M］. 北京：商务印书馆，1979.

［22］舒良树. 普通地质学（彩色版）［M］. 北京：地质出版社，2010.

［23］谭明. 喀斯特水文地貌学［M］. 贵阳：贵州人民出版社，1993.

［24］王福星. 生物岩溶［M］. 北京：地质出版社，1993.

［25］王绍武. 现代气候学概论［M］. 北京：气象出版社，2005.

［26］肖建刚. 广西旅游景区景点大辞典［M］. 南宁：广西民族出版社，2007.

［27］萧德浩，等. 中越边界历史资料选编［M］. 北京：社会科学文献出版
　　　社，1993.

［28］袁道先. 中国岩溶动力系统［M］. 北京：地质出版社，2002.

［29］张如放，傅中平. 广西地质公园［M］. 南宁：广西科学技术出版社，
　　　2015.

［30］张如放，傅中平. 广西珍奇［M］. 南宁：广西科学技术出版社，2016.

后　记

　　《德天瀑布》一书的创作持续了一年时间，但却是创作组成员近三十年来一直关注和研究的结晶。该书创作过程大致分为两个阶段，一是基础研究及收集整理资料阶段，二是为庆祝广西壮族自治区成立六十周年而深入考察研究及专著创作阶段。

　　基础研究及收集整理资料阶段（1987年7月至2016年10月），创作组成员因科研项目、单位活动及家庭自助游等先后四次前往德天瀑布风景带实地参观考察。其成果分别在傅中平教授主编和参编的专著中出版，以及在以傅中平教授为主要作者的论文中发表，如1997年广西民族出版社出版的《广西珍奇》，2007年广西科学技术出版社出版的《广西石山地区珍奇地质景观评价、开发与保护研究》，2008年南京出版社出版的《地质学家谈旅游》，2014年广西科学技术出版社出版的《广西地质之最》，2015年广西科学技术出版社出版的《广西地质公园》等，发表在《南方国土资源》2017年第7期的《德天瀑布地区地质特征及瀑布成因浅析》、《南方国土资源》2012年第12期的《大新县下雷地区旅游资源特色及开发新理念》、《南方国土资源》2010年第1期的《对广西大新龙宫仙境景区进一步开发的设想》、《广西科学院学报》2010年第1期的《旅游岩石学的创名及分类》等。

　　为庆祝广西壮族自治区成立六十周年而深入考察研究及专著创作阶段（2017年9月至2018年8月）。其中，2017年9月至2018年2月，创作组三名成员两次奔赴实地，认真考察德天瀑布风景带秋季至冬末春初景观动态变化状况；2018年3~8月，创作组全面收集、整理资料，综合研究并正式撰写专著，多次集中讨论，并邀请专家评审。

本书着重向广大读者普及古生物知识，深入探讨德天瀑布的成因机理，并借此丰富德天瀑布风景带的内涵。

全书主要由傅中平、陈朝新、黄春源共同撰写，陈玉弦、刘玲玲、蒲小萍、冯文嵩、雷健等参与部分章节编写、审核及校对、文图设计。全书在创作过程中，引用了网上未署名的少量航拍图片及前人研究的少部分研究成果，另外，还得到了广西地质学会，大新县国土资源局，广西机电工业学校办公室、科技办相关人士的大力支持和帮助，在此一并致谢！

图书在版编目（CIP）数据

德天瀑布 / 傅中平，陈朝新，黄春源著. —南宁：广西科学技术
出版社，2018.10
　（我们的广西）
　ISBN 978-7-5551-1047-7

　I.①德…　II.①傅…　②陈…　③黄…　III.①瀑布—介绍—大新县
IV.①P343.2

中国版本图书馆CIP数据核字（2018）第201921号

图片摄影：黄春源　傅中平

策　　划：萨宣敏　责任编辑：池庆松　丘　平　助理编辑：邓　霞
美术编辑：韦娇林　韦宇星　责任校对：陈庆明　责任印制：韦文印
出版人：卢培钊
出版发行：广西科学技术出版社　地址：广西南宁市东葛路66号　邮编：530023
电话：0771-5842790（发行部）　传真：0771-5842790（发行部）
经销：广西新华书店集团股份有限公司　印制：雅昌文化（集团）有限公司
开本：787毫米×1092毫米　1/16　印张：12.25　插页：10　字数：165千字
版次：2018年10月第1版　印次：2018年10月第1次印刷
本册定价：128.00元　总定价：3840.00元

审图号：桂S（2018）77号